現代ドイツの
家族農業経営

村田 武 著

筑波書房

目　次

要旨 ……………………………………………………………………… 1
Summary ………………………………………………………………… 5

序章　現代の家族農業経営と農業危機 ……………………………… 9
　1．「2014国際家族農業年」と国際的農業危機 ……………………… 9
　2．急激な農業経営の解体と「資本型家族経営」の成立 ………… 13
　3．本著の課題 ………………………………………………………… 21

第1章　WTOの農産物自由貿易体制とEUの農政転換 ………… 25
　1．WTOの農産物自由貿易体制 …………………………………… 25
　2．なぜ"デカップル"なのか ……………………………………… 27
　　（1）発端はOECD「農業委員会レポート」 …………………… 27
　　（2）「消費者負担」から「納税者負担」へのデカップリング政策 … 28
　3．農産物価格支持を放棄したEU ………………………………… 29
　　（1）共通農業政策 ………………………………………………… 29
　　（2）「1992年CAP改革」に始まる農政転換 …………………… 30

第2章　EUの直接所得補償支払いデカップリング ……………… 37
　1．「2003年CAP改革」 ……………………………………………… 37
　2．「単一支払い」と加盟国への適用 ……………………………… 39
　3．ドイツにおけるデカップリング ……………………………… 43
　　（1）EU基準の適用 ……………………………………………… 43
　　（2）「単一支払い」の実際と評価 ……………………………… 46
　4．直接支払いは社会的に公正か ………………………………… 48

5．EUにおける農業環境・農村開発政策の導入 ………………… 50
　　　（1）条件不利地域対策の導入 ……………………………… 50
　　　（2）地域政策と農村開発政策 ……………………………… 51
　　6．直接支払いが支える農業経営 ………………………………… 54
　　7．CAP改革と農業環境政策下のドイツ酪農 …………………… 56
　　　（1）ドイツ酪農家全国同盟とEU酪農政策 ……………… 56
　　　（2）生乳生産クオータ制度廃止直前の酪農経営 ………… 58

第3章　EU農業構造政策へのオルタナティブ ……………………… 63
　　1．EU農業構造政策「マンスホルト・プラン」………………… 63
　　2．バーデン・ヴュルテンベルク州 ……………………………… 65
　　　（1）「アルプ計画」から「シュヴァルツバルト計画」へ … 65
　　　（2）MEKA給付金制度 ……………………………………… 68
　　3．バイエルン州の「バイエルンの道」 ………………………… 70

第4章　バイエルン州のマシーネンリンク ………………………… 77
　　1．現代のマシーネンリンク ……………………………………… 77
　　2．「アイプリンク-ミースバッハ-ミュンヘン・マシーネンリンク」… 80
　　　（1）広域のマシーネンリンクに成長 ……………………… 80
　　　（2）「MRクラシック部門」 ………………………………… 83
　　　（3）マシーネンリンクと再生可能エネルギー事業 ……… 89
　　3．「レーン・グラプフェルト・マシーネンリンク」 …………… 90
　　　（1）再生可能エネルギー事業コンサルタント会社の設立 … 90
　　　（2）コンバインなしで200ha穀作 ………………………… 92

第5章　有機農業運動と新しい加工販売組織 ……………………… 97
　　1．ドイツの有機農業運動 ………………………………………… 97
　　2．シュベービシュ・ハル農民生産者共同体 …………………… 100

第6章　バイオガス発電事業と農業経営 107
1．ドイツの「エネルギー大転換」 107
2．バイオガス発電事業への農家の参加 111
　（1）「バイオエネルギー村」 111
　（2）バイオガス発電についての固定価格買取制度 112
　（3）戸別か協同か 114
3．南ドイツの戸別バイオガス発電 116
　（1）バイエルン州の戸別バイオガス発電 116
　（2）バーデン・ヴュルテンベルク州の戸別バイオガス発電 124

第7章　協同バイオガス発電による経営多角化 127
1．「農民協同」によるバイオガス発電 127
　（1）アグロクラフト・グロスバールドルフ有限会社 127
　（2）大型肉豚経営クレッフェル農場とバイオガス発電事業 130
2．エネルギー作物原料の大型バイオガス施設にストップ指令 136

終章　「資本型家族経営」の多角化戦略 141

参考文献 147

〔補〕報告
ベルリン・フンボルト大学主催・国連「2012国際協同組合年」記念国際学会
"Cooperative Responses to Global Challenges"（2012年3月21〜23日）
 159
あとがき 179
事項索引 185

要旨

現代ドイツの家族農業経営

　1980年代に始まる現代グローバリゼーションと金融資本主義体制は，農産物貿易に関しては1995年に世界貿易機関（WTO）を設立することで，それまでの各国の農業保護政策と国際商品協定にもとづく国際的な貿易管理を容認したそれなりに「国際協調主義」的であったGATT体制を否定し，新自由主義と競争原理を前面に押し出した激烈な国際競争社会を生み出している。それが国際社会をして低開発途上国における飢餓問題の解決にてこずらせ，同時に農業をして世界的に，途上国だけでなく先進国でも「国際的農業危機」に苦しませている。

　さて，ドイツでは，2011年3月11日の東京電力福島第一原発の過酷事故を受けて，メルケル政権がいち早く脱原発に方針転換し，再生可能エネルギーに活路を見出す「エネルギー大転換」に踏み出した。農村では太陽光発電や風力発電事業が「エネルギー協同組合」の設立で推進され，家畜糞尿やエネルギー作物をメタン原料とするバイオガス発電事業が農家を担い手として急増してきた。

　現代ドイツの家族農業経営は，農業危機のもと急激に中小経営が解体するなかにあって，その農地を借地することで経営規模を飛躍的に拡大し，大型農業機械を装備した「資本型家族経営」類型にある。

　第1章，第2章で，1990年代なかばまでの各国の農業保護を前提にしたGATT体制がWTOの農産物自由貿易体制（1995年～）に転換され，農産物価格支持政策の放棄と所得補償直接支払いへの転換（EUではいわゆるCAP改革）という農政転換にともなって引き下げられた農業保護水準が農業経営に与えた条件変化を特徴づけた。

　第3，4，5章では，1970年代に浮上した農産物過剰問題へのEU委員会の対策がマンスホルト・プラン「農業構造政策」として展開されるなかにあっ

て，ドイツの南部地域バーデン・ヴュルテンベルク州やバイエルン州での州独自の農村環境政策による農家支援や，家族農業経営とその生産者組織の維持展開への支援を農政の基本に置いた「バイエルンの道」とマシーネンリンク（農業機械利用仲介組織）を取り上げ，農民層分解促進の構造政策に対抗するオルタナティブを分析した。そこでは経営規模や圃場規模の拡大とそれにともなって装備が必要な農業機械の大型化・高額化のもとで，資本型家族農業経営は農業機械を決してフル装備して固定費を膨張させるような経営選択をとってはおらず，可能な限りの共同所有・共同利用や機械作業請負会社への作業委託を行うことで，1人ないし2人に限られる家族労働力で維持可能な規模を上限に経営を拡大していること，そしてマシーネンリンクの存在が郡レベルでのかなり広域的な経営間協業（Gemeinschaft）をつくりだすことを可能にしていることを明らかにした。

　また，価格支持政策の後退がもたらした農産物価格の低迷に対処して経営維持を有機農業に見出す運動が，とくにこれまた南ドイツで広がった実態をみた。有機農産物の加工販売事業として注目されているバーデン・ヴュルテンベルク州の「シュベービシュ・ハル農民生産者共同体」を紹介する。

　そのうえで，第6章と第7章では，バイエルン州を先頭に広がっている農村での再生可能エネルギーによる地域活性化のとりくみ，農業経営のバイオガス発電事業への本格的な参加を分析し，農業生産に加えてエネルギー生産による経営多角化で経営存続を図るという農業経営の最新の存在構造を明らかにした。

　南ドイツでは，「資本型家族経営」への類型的進展を遂げた農業経営は，EUの直接所得補償支払いや条件不利地域対策平衡給付金，さらに農業環境支払いなどの公的助成金に大きく依存しつつ（家族労働報酬の半ばは公的助成金に依存している），

　(a) EUの原産地呼称・地理的表示認証制度も活用した有機農業展開，
　(b) 小規模所有林地で得られる木材チップ原料のバイオマス熱エネルギー生産による新たな農林複合経営，

（c）家畜糞尿に加えてトウモロコシ・サイレージ，牧草サイレージなどをメタン原料として利用するバイオガス発電の取り込みによる新たな多角化が地域農業を担う基幹経営の経営維持を支えている。

その階層構造としては，①農用地面積がほぼ100ha未満の，経営主が農外就業しながら穀物栽培・収穫機械作業をマシーネンリンクに補完された「穀作経営」，②農用地面積が100~200ha規模の「畜産主幹耕種複合経営」，③少数ではあるが農用地面積が200ha超える「大型畜産経営」という３階層への分化がみられる。

アメリカ産穀物価格が規定する国際価格水準に引き下げられたドイツの穀物価格のもとでは，南ドイツの家族農業経営地帯では，穀物販売を収益源とする穀作専門経営は専業経営としての存在はきわめて困難である。一般農業における専業経営としての展開は，穀物栽培を家畜飼料自給目的とする畜産主幹耕種複合経営としての展開にほぼ限られる。そして，３つに分化した経営の①，②経営では常雇労働者の雇用はまれである。農用地面積が200haを超える③酪農や養豚の大型畜産経営にあっても常雇労働者はほぼ１名にとどめ，夏の飼料収穫期には季節雇用数名で補完することで，家族労働力中心の家族経営の枠内にある。情報機器搭載の大型農業機械の運転や修理ができる労働者の雇用は，ドイツの勤労者一般に対する賃金支払いと社会保険料負担の高水準のもとでは抑制せざるをえず，大型農業経営であっても「企業的家族経営」を超えて資本家的企業に上向するのを阻んでいる。資本家的企業経営の展開が可能なのは，単純な手作業の占める割合が高く，低賃金外国人労働者に依存できる果樹園芸農業や養鶏に限られる。そして，うえの３つに分化した経営の多くがバイオガス発電事業の導入による経営多角化に経営・所得維持の道を見出したところに現代南ドイツの家族経営の存在構造の特徴がある。

ドイツを代表する家族農業経営地帯である南ドイツの農業経営は，資本型家族経営として有機農業さらにエネルギー生産部門への参入による経営多角化で経営存続にひとまず成功している。しかし，いずれの規模階層にあって

もEU直接所得補償制度など公的な助成金があってようやく販売収益を上回る経費が補てんされている。この事態は確実に次世代への経営継承を危うくするものである。その存在自体は決して安定的ではなく，1980年代以来の「国際農業危機」という制約から脱却できてはいないとみるべきであろう。

Summary

Family Farms in Modern Germany

Modern globalization and financial capitalism in 1980s led to the establishment of the World Trade Organization (WTO) in 1995, which professes itself agricultural trade liberalization. And the WTO system denied the moderate "international cooperative" GATT system as a unfair trade system, which allowed every country's domestic protective policies for its own agricultural sector and the international trade management with international commodity agreements, mainly for tropical products of developing countries, and brought about new violent international competitive society, which carries with neo-liberalism and principle of competition.

In result, it has made it difficult for the international society to settle the hunger problem in the developing countries, and also, caused "the international agricultural crisis" not only in the developing countries but also in the developed ones.

After the serious accident of the Fukushima's First Nuclear Power Plant of the Tokyo Electric Power Company, the German Merkel Government has immediately changed the energy policy to getting rid of nuclear power plants, and has started "energy change (Energiewende)", which puts renewable energies to practical use. Particularly in the farm villages in Germany, many solar and wind power generation facilities have been built by the energy cooperatives (Energie Genossenschaft), and recently biogas electric facilities have increased rapidly, which were invested by farmers, and made from animal excrement or energy plants.

Furthermore, the modern family farms in Germany should be given a clear definition of "the capital-intensified family farm", which has expanded greatly the business scale by borrowing land. In the agricultural crisis, many small and medium farms have given up hope of maintenance of their agricultural business and lent out their land.

The summaries of every chapter are following.

First, in the First and Second chapters, the trade liberalization of agricultural products in the world from the GATT to the WTO system in 1995 is characterized. Also, the agricultural policy shift of the European Union (so-called "the reform of the Common Agricultural Policy") accompanying this liberalization is analyzed, which has given up the price policy for agricultural products and compensated by the "direct payments" for the loss of income of farmers, and the result of changing of conditions for farmers business.

Second, in the Third and Fourth chapters, the countermeasures are analyzed, which opposed the agricultural structural policies of European Economic Community (EEC). In 1970s, the EEC has adopted so-called "Mansholt Plan", which focused on the growth and concentration of productive structures against the overproduction of products, especially milk and grain. In south Germany, however, the local governments of Badenwürttemberger and Bavaria originally have taken countermeasures to the structural policy of the EEC and the German Federal Government and subsidized to farmers for their contribution to an improvement in the rural environment. Especially in the Fourth chapter, so-called "Bavarian Way", the local unique conservation program of the Bavarian Government and the machine circles ("Mashinenring") are featured, which focused support for the preservation and development of family farmers and their organizations.

Recently the expansion of the agricultural business and farmland scale has forced family farmers an equipment of larger and expensive agricultural machines, although they have not chosen such a business option, which swells fixed cost with the full equipment of machinery. They select as much of the joint ownership and share the machines, entrust machine-works to the contractors and set a limit of size of farming, to which they can keep business barely with family labor force. In addition, the value of existing of the machine circles became known that they can organize quite broader-based farmers' partnership ("Gemeinschaft") in the county-level.

Third, in the Fifth chapters, the spreading of the organic farming especially in the southern Germany is watched, with which family farmers have dealt with a price down of their agricultural products as a set back of the price support policies. Here a famous organic processing and marketing institution "The Farmers' Producer-community Schwäbisch Hall" is introduced.

Lastly, in the Sixth and Seventh chapters, a new trend in the rural villages became clear, which plan the revitalization of a local areas with the good use of the renewable energy. Also, several field surveys have turned out that many

Summary 7

farmers have full-scale taken part in the project of the biogas power generation and the formation of the new existence structure of farmers, in which farmers try to continue of their business by diversifying of farms with an energy production in addition to farming.

In south Germany, the farmers who have developed "the capital-intensified family farms", depend on the public subsidies of the European Union or local governments at a level of half of pay for the family workforce, e.g., the direct income compensation payments, the payments for less-favored areas and the payments for environmentally-favored agriculture, and so on.

The following three types of development support the key farms in the regional agriculture.

(1) Development of organic farming, which make good use of the certification of the European Union, that is PDO (Protected Designation of Origin) and PGI (Protected Geographical Indication.)
(2) New compound farms of agriculture and forestry, which produce biomass heat energy with woodchips from their small holdings of forest.
(3) New diversification of farms by the investment in the biogas generation facilities, which use animal excrement and energy plants like corn and grass silage as raw materials for biogas.

The stratified structure of these farms is divided into three strata, that is:
① "Grain farms", of which farmland is smaller than 100ha and the head of household works outside of farm and its grain growing and harvesting are made up by use machine circle effectively.
② "Compound livestock farms with self-sufficient grain growing ", of which 100 ~ 200ha farmland.
③ A small number of "Big livestock farms", of which above 200ha farmland.

In Germany, the grain price is seriously lowered by the international average price, which is greatly influenced by the lowest price level of the United States' grain and consequently it is doubtful whether "the grain-specialized farms" can continue to exist as a full-time farming in the southern Germany's family farm area.

The development of general farming as a full-time farms is almost limited to the expansion of livestock farms covered by grain growing for self-sufficient feed. And the employment of full-time workers in the farms of first two types is exceptional.

The last third farms, e.g., big dairy or pig farms, of which over 200ha farmland, also limit their employment of the labor force only to one full-time employee and the deficit of workforce for the feed-harvesting in summer is covered by employment of several seasonal part-time workers, and in consequence, such big farms still remain in the category of the family farm mainly consisted of family workforce.

The employment of workers who can operate large agricultural machines with information equipment should be controlled on the condition that employer should pay not only high level wages and premium on social insurances in the general job opportunity in Germany, therefore, it is obstructing the climbing the social ladder to a capitalistic agricultural firm for a "capital-intensified family farm" even if it is a large farm.

Furthermore, the development of the capitalistic firm business is rather limited to horticulture or poultry farming, which have a high percentage of unskilled laborers and can depend on low-paid foreign workers. Thus, we can understand that many farms in south Germany have found a new diversifying of farm by the equipment of biogas facilities as a way of maintenance of farming and income.

To conclude, agricultual farms in south Germany, typical area, where family farms are dominant position within the farmers in the whole Germany, have achieved the success for the present as "the capital-intensified family farm" for the maintenance of farming by the expansion of organic farming and the diversification of farming by the entry into the energy production. However, for all farms in every stratified structure, a deficit of costs are barely covered, which exceeds revenue by the public subusidies, such as the direct income compensation payments of the EU. This is an urgent matter to solve for the inheritance of farms. Namely, the economic stability of family farms is not yet guaranteed and they have not currently escaped from "the international agircultural cricis" since 1980s.

序 章

現代の家族農業経営と農業危機

1.「2014国際家族農業年」と国際的農業危機

　国連が「2012国際協同組合年」に続いて2014年を「国際家族農業年」としたのは，解決の目処が立たない途上国の飢餓・食糧問題と先進国における農業危機を一体的に捉えてのことであった。国連食糧農業機関（FAO）の委員会のひとつである世界食料保障委員会（The Committee on World Food Security）は，2011年10月に，その下部機関である「食料保障と栄養に関する専門家ハイレベル・パネル」（The High Level Panel of Experts on Food Security and Nutrition）に対して「2014国際家族農業年」の理論的根拠を明確にすべく，小規模農家の農業投資に関する報告書をまとめるよう求めた。この専門家ハイレベル・パネルの議論が13年6月に公表されたのが『第6報告書・食料保障のための小規模農業への投資』(Investing in smallholder agriculture for food security) である[1]。
　同報告書は，小規模農業（smallholders）とは家族（単一または複数の世帯）によって営まれており，家族労働力のみまたは家族労働力を主に用いて，所得（現物または現金）の割合は変化するものの，大部分をその労働から稼ぎ出している農業をいう。したがって，小規模農業は2つの対極的経営形態，すなわち「雇用労働力依存の営利をめざす大規模経営」（larger commercial holdings with hired labour）と「土地なし農民」（landless workers）との中間的存在であるとする。つまり，家族農業経営についてのいわば伝統的定義を堅持したうえで，中農層の両極分解という農業構造変化の「古典的」モ

デル（"classical" model）は農業発展の普遍的経路ではなく，それとは異なった多様かつ対照的な経路が存在するとした。そしてとくに西欧やカナダでは最近20年にわたって以下のような「第4の経路」（fourth trajectory）が台頭したと強調することで，先進国における農業経営の存在構造について一石を投じたのである。

「WTO農業協定で削減対象外とされた農業保護政策であるいわゆる緑または青の政策の実施にともなうものである。たとえば①景観と自然財の維持，②生物多様性の保全，③保水，④エネルギー生産，⑤地球温暖化の緩和等の政策である。これらの政策が高品質食品・地域特産食品の生産と並んで重要な役割を果たしている。この新興の経路は西欧やカナダで卓越した流れになっており，ラテンアメリカやアジアの特定の地域でもみられるものであって，たいてい小規模農家が主要な担い手になっている。」[2]

同報告者が途上国における食料保障問題だけでなく，先進国の農業・農村問題に対処するうえで，小規模農業こそが頼みの綱であることを強調したところを読み取るべきである。また同報告書が市場での小規模家族農業経営の地位を改善するための生産者組織（smallholders' organizations）の強化を提案し，政府にその支援を求めたところにも注目したい。

ところで国連が2014年を「国際家族農業年」とし，ローマに本部を置くFAOの委員会のひとつである世界食料保障委員会が小規模家族農業経営の存在に着目し期待したのは，1997年12月のEUの欧州理事会が「欧州農業モデル」のめざすものを担うのは家族農業であると規定して以来，ヨーロッパにおける家族農業経営の存在が農業・農村問題にとどまらず社会経済問題全体にとって，EU農政のあり方とも関わって断続的に議論されてきたという背景があってのことである[3]。

つまり，家族農業経営の存在をめぐる議論は近年になって突如として巻き起こったものではない。1980年代後半から90年代初めに「国際的農業危機」（the international farm crisis）と特徴づけられる事態の発生のもとで，EU諸国では，家族農業経営こそが基礎的な単位であり，地域農業とその担い手

になっている家族農業経営を農業条件の不利な地域においても維持することが必要でないかとする議論が高まるとともに，農業経済学界では農家家族員の多就業（pluriactivity）に注目する研究が注目を浴びた経緯がある。

1980年代後半からの先進国における国際的農業危機については，イーアン・ボウラの『先進市場経済における農業の諸相』が，農業の長期持続性に疑問が付される状況にあるとして以下の3つの要因をあげた[4]。

第1に，近年の農業が国家財政による農場支持プログラムによって支持され，それが国家財政に重い負担となるとともに，輸出補助金によって農産物過剰を処理する試みが国際貿易摩擦の原因となって，ガットのウルグアイ・ラウンド交渉に示されたように農業保護水準を引き下げる世界的な動きを生んだ。しかしながら，農産物生産者価格支持の水準の低下は，農業所得の低下をもたらし，農場破産の程度を高め，多くの現代営農システムの経済的持続性が問題となるに至った。国家の介入をさらに少なくしようとする国際的圧力によって，農業は新しい経済状況に対して絶えず調整していくという時期に当面している。

第2の懸念は，変容した農業が温室，農場施設，機械動力などでエネルギー，とくに石油の購入にますます依存するようになったことである。食料品の流通網もエネルギー依存度を高めており，現代農業のエネルギー依存は懸念を生み出すひとつの原因になっている。

第3に，変容した農業の長期的な環境持続性いかんである。農地開発にともなう生垣や林地の排除と景観問題，野生生物の生息地問題，残留農薬・食品安全問題など，第1の経済問題，第2のエネルギー依存性に加えて，現代農業の環境に及ぼす影響においても同様の疑問が生まれてきたのであって，それが「国際的農業危機」を構成するにいたっている。

次いで，農家家族員の多就業に注目する研究を代表するのが，M・シャックスミスやT・マースデンであった[5]。

わが国でこれに着目したひとり玉真之介は，世帯を単位とするような「農家」概念を否定する小倉武一や，「農家」概念を「相当に特殊日本的な内容」

のものとする梶井功に反論した[6]。

　玉はそのうえで1993年に出版されたRuth Gasson and Andrew Errington, *THE FARM FARMILY BUSINESS*を家族農業研究会（代表：大木れい子）に参加する研究者とともに翻訳し，ルース・ガッソン・アンドリュー・エリングトン（ビクター・L・カーペンター／神田健策／玉真之介監訳）『ファーム・ファミリー・ビジネス―家族農業の過去・現在・未来―』（筑波書房，2000年）を出版した。同書は，家族農業経営の経済分析や経営管理研究にとどまらず「農場のなかにおける家族の側面」を見逃すべきでないのであって，「農場家族と農場ビジネスとの相互関係を事実に基づいて客観的に論じる」（7ページ）ことを目的にするものである。イギリスの農業経済学界がアメリカにリードされて，計量的な経済理論や方法論に向かうにつれて農場のビジネス（事業）と家族との関連が視野から消えていったという指摘は興味深い。そのうえで，欧米でのマルクス主義的な農村社会学，たとえば上掲のT.マースデンや，社会人類学への幅広い文献レビューを踏まえての「ファーム・ファミリー・ビジネス」研究となっている。

　同書はファーム・ファミリー・ビジネスについて以下の6つの要素からなると定義づけしているので引用しておこう（同書20ページ）。

　1．事業の所有は，事業の中心的担い手による経営管理と結合している。
　2．この中心的担い手は，血縁関係もしくは結婚によって関係している。
　3．家族構成員（事業の中心的担い手を含む）は，事業に資本を提供している。
　4．事業の中心的担い手を含む家族構成員は，農場労働を行っている。
　5．事業所有と経営管理は，時の経過とともに世代間で引き継がれる。
　6．家族は，農場で暮らしている。

　また，この時期に家族農業経営に注目したのが村落社会研究会であった。同研究会は1991年10月に開催された第39回大会の共通論題に「日本農業・農村研究の課題を求めて―家族経営危機の国際比較：環境問題・農業危機・集落機能の接点としての家族経営危機―」を掲げた。それをとりまとめた村落

社会研究会編『村落社会研究―28・家族農業経営の危機―その国際比較』（農文協，1992年）では，磯辺俊彦の第1報告「家族制農業の存在構造―現代の危機を軸として国際比較の視座を考える―」とともに，田畑保の「経済学・農業経済学の研究動向」が，原田純孝「EC農政の転換と農業社会構造の展開」（『社会科学研究』第43巻第6号，1992年3月）や玉真之介の上掲論文を紹介し，チャヤノフの小農・小農経済論への研究熱がヨーロッパで高まっていると指摘している。

　私自身は，家族農業経営をめぐって，Brian Gardner, *European Agriculture*, Routledge, 1996をブライアン・ガードナー著『ヨーロッパの農業政策』（溝手芳計・石月義訓・田代正一・横川洋との共訳，筑波書房，1998年）として翻訳出版し，John Martin, *THE Development of Modern Agriculture/British Farming Since 1931*, Macmillan Press, 2000をジョン・マーチン著（溝手芳計・村田武監訳）『現代イギリス農業の成立と農政』（筑波書房，2002年）として共訳して出版した。さらに，『再編下の家族農業経営と農協―先進輸出国とアジア―』（筑波書房，2004年）を編集出版した。後者では，家族農業経営の存在をささえる農協を含む生産者組織の存在構造に注目すべきであるとした。同じくMerett C. D./N. Walter ed., *A Cooperative Approach to Local Economic Development*, 2001をクリストファー・D・メレット/ノーマン・ワルツァー編著（村田武・磯田宏監訳）『アメリカ新世代農協の挑戦』（家の光協会，2003年）として翻訳したのも同様である。

2．急激な農業経営の解体と「資本型家族経営」の成立

　わが国やEU諸国では，1990年代なかばに始まるWTO農産物自由貿易体制，すなわち多国籍金融資本主義の成立と新自由主義支配のグローバル市場編制のもとにあって，輸出競争と市場争奪戦の激化が国内農産物価格を低落させ，農業経営の危機を深刻化させた。中小規模経営を先頭にハイテンポでの離農

表序-1　最近のドイツ農業経営構造の変化

単位：1,000

	2007	2012	変化%
5 ha未満	33	25.5	−23
5～10	52.7	44.2	−16
10～20	67.8	60.5	−11
20～50	82.8	73.1	−12
50～100	53.4	50.4	−6
100～200	21.8	23.2	6
200～500	6.6	7.7	17
500～1,000	1.9	2.2	16
1,000ha以上	1.5	1.5	0
合　計	321.6	288.2	−10

出所：DBV, Situationsbericht2014.

が進み，経営数の急減と経営増減分岐点の上昇にみられる農業経営構造の変化が顕著であった。それは本著が主たる研究対象とする南ドイツのように，典型的に家族農業経営型の農業構造をもち，EU共通農業政策の構造政策「マンスホルト・プラン」に対抗するオルタナティブが打ち出された地域でも同様であった。

　ドイツの農業経営構造は，連邦政府食料農業省が毎年発表している「農業報告」が指摘するように大きく変化してきた。農業経営数の減少が顕著である(**表序-1**)。2007年の32万1,600経営から12年の5年間に3万3,500経営（10.4％）減少し28万8,200経営になった。うち旧東ドイツ（2万4,800経営から2万4,000経営に減少）を除く旧西ドイツ地域の農業経営数は26万4,300経営になった。ここでの農業経営とは農業センサス基準の農用地面積規模5 ha以上経営であって，5 ha未満でも飼育家畜頭数が一定数を超える経営，特殊作物栽培のある経営など，例外規定経営2万5,500経営が含まれる[7]。なお，旧西ドイツの1987年の農業経営数（農用地規模1 ha以上）は68万1,010経営（うち農用地面積5 ha規模以上は69.7％で47万4,737経営）であったから，この四半世紀における農業経営構造の変化はたいへん大きい。経営増減分岐点は100haになった[8]。

　表序-2は，州別に最新の2012年の農用地規模別農業経営とそれらが経営する農用地面積をみたものである。バイエルン州に9万4,400経営（旧西ド

序章　現代の家族農業経営と農業危機　15

表序-2　州別農業経営と農用地面積（2012年）

	経営数 1,000	（％）	農用地 1万ha	（％）	農用地/経営 ha
バーデン・ヴュルテンベルク州	43.1	(15.0)	142.1	(8.5)	33
バイエルン州	94.4	(32.8)	312.6	(18.8)	33
ヘッセン州	17.4	(6.0)	76.3	(4.6)	44
ニーダーザクセン州	40.5	(14.1)	259.6	(15.6)	64
ノルトライン・ヴェストファーレン州	33.8	(11.7)	144.7	(8.7)	43
ラインラント・プファルツ州	19.2	(6.7)	69.8	(4.2)	36
ザールラント州	1.2	(0.4)	7.8	(0.5)	65
シュレスヴィヒ・ホルシュタイン州	13.6	(4.7)	99.0	(5.9)	73
都市州	1.1	(0.4)	2.5	(0.1)	23
旧西ドイツ計	264.3	(91.8)	1,114.4	(66.9)	38.2
ブランデンブルク州	5.5	(1.9)	132.0	(7.9)	240
メクレンブルク・フォアポンメルン州	4.7	(1.6)	134.3	(8.1)	286
ザクセン州	6.1	(2.1)	90.8	(5.4)	149
ザクセン・アンハルト州	4.2	(1.5)	117.1	(7.0)	279
チューリンゲン州	3.5	(1.2)	78.1	(4.7)	223
旧東ドイツ計	24.0	(8.3)	552.3	(33.1)	230
合計	288.2	(100.0)	1,666.7	(100.0)	58

出所：DBV, Situationsbericht 2013/14.

イツの35.7％，全ドイツの32.8％）と，全ドイツの農業経営の3分の1が集中する。バイエルン州西隣のバーデン・ヴュルテンベルク州の4万3,100経営（同15.0％）を合わせれば，この南ドイツ2州に13万7,500経営（47.8％）と全ドイツのほぼ2分の1になる。農用地面積では，バイエルン州が312.6万ha（18.8％），バーデン・ヴュルテンベルク州が142.1万ha（8.5％）と全ドイツの農用地の27.3％，4分の1強である。両州の1経営当たり平均農用地はいずれも33haと，都市州（ベルリン・ハンブルク・ブレーメン）の同23haを除くともっとも小さい。

　このような農業構造変化は農地賃貸借の増加をともない，バイエルン州では1980年代まで農用地面積に占める借地面積は20％台であったのが，90年代で30％台，2000年代に入ると40％台となり，最新データ2013年では農用地総面積312.6万haのうち154.1万ha，すなわち49.3％と農地の半ばは借地になっている。経営総数9万4,400経営のうち借地をもつ経営は6万7,100経営（71.1

％）で，その１経営当たりの借地面積は平均48.3haに達する。

　さて，バイエルン州には1987年には農用地規模１ha以上の農業経営が23万1,326経営存在した。同５ha以上は17万3,663経営であった。繰り返すが，当時の旧西ドイツの農用地１ha以上の経営総数は68万1,010経営，同５ha以上は47万4,737経営であった。したがってバイエルン州は，全西ドイツの１ha以上層では34.0％，５ha以上層では36.6％を占めていた。そして2012年までの20年ほどの間に５ha以上層でも９万9,400経営に，７万4,263経営すなわち42.8％もの減少をみた。その結果，旧西ドイツにおける農業経営数の割合をわずかながらも低下させたのであって，これは第３章でみる「バイエルンの道」というEUの農業構造政策へのオルタナティブの選択をもってしても中小経営の離農そのものを抑制したとはいいがたいことを意味している。

　なお，ブランデンブルク州（5,500経営）の１経営当たり平均農用地規模240ha，メクレンブルク・フォアポンメルン州（4,700経営）の同286ha，ザクセン州（6,100経営）の同149ha，ザクセン・アンハルト州（4,200経営）の同279ha，チューリンゲン州（3,500経営）の同223haと，旧西ドイツの経営規模と質的に異なっているのは，旧東ドイツではかつての大規模集団経営である農業生産協同組合（LPG）や国営農場（VEG）を中心にした社会主義の大規模経営構造を引き継いだ有限会社や協同組合などの大型法人経営中心の構造であることを反映している。

　さて以上のような急激な農業経営の解体をともなった農業経営構造の変化が先にみたような「国際的農業危機」論を登場させたのであるが，イーアン・ボウラが「多くの現代営農システムの経済的持続性が問題となるに至った」とした農業経営は，「温室，農場施設，機械動力などでエネルギー，とくに石油の購入にますます依存した」経営であった。

　第２次世界大戦後，1950年代後半からの西欧農業における農業近代化政策に後押しされた化学化と機械化の進展は，家族農業経営における投下資本と労働の構成比を大きく変化させたのであって，それが農業経営学に農業経営分析における構造的把握を迫ることになった。

わが国の農業経営学界においては磯辺秀俊の家族農業経営類型論がその先駆的研究であった。磯辺は編著『家族農業経営の変貌過程』（東京大学出版会，1962年），さらに『農業経営学』（養賢堂，1971年）でも，商品生産化の程度，賃労働への依存度，資本の果たす役割を主要指標として，

(1) 交換経済の未発達な段階の自給経済的，かつ付随的自給農業を営む「自給経済的家族経営」（例えば西欧の零細経営）に始まって，多くの国の農業で重要な商品生産的家族経営が重要である。その商品生産的家族経営にあっても，

(2) 家族労働力が投下資本に対して圧倒的重要性をもつ「労働型家族経営」（例えば西欧の小農民経営）と，

(3) 投下資本が著しい重要性を占める「資本型家族経営」（例えば西欧の比較的大きい農民経営）が発生し成長する。家族労働力を根幹とする点ではなお家族経営の範囲をでないが，家族労働力にたいして固定資本の比重が高く，資本集約度の高い経営である。

さらに，(4) 経営が家計と計算上次第に分離し，家計への従属から解放され，生活のための所得追求にとどまらず，積極的に投下資本に対する報酬，したがって企業的な採算を求めるような資本家的企業の性格に近づく企業的家族経営が成立する，とした[9]。

ところが本著で研究対象とする南ドイツの家族農業経営は，かつての，つまりおよそ1960年代までの小規模で経営数も多数であったがゆえに農産物市場・農業投入財市場などでもっぱら受動的であった「労働型家族経営」としての存在から，現代では少数経営化しリージョナルなレベルでは農産物市場で一定のシェアをもち，能動的な個別対応が可能なだけの経営規模を持つにいたった「資本型家族経営」としての存在になっている[10]。

それを農業簿記統計結果から確認しておく。

表序-3は，バイエルン州の主業経営についての2013年度農業簿記統計結果である。ここでの収入（a）と支出（b）の差額である収益は，家族労働報酬と自己資本利子に相当する。この表の農用地1ha当たり収支計算を経

表序-3　バイエルン州の主業経営（2013年度農業簿記統計結果）

		平均	耕種	飼料	酪農	加工型畜産
経営形態別経営総数		42,839	4,264	28,966	25,099	2,969
農業簿記統計調査経営数		1,877	176	1,175	1,021	174
経営面積（ha）		61.5	98	55.9	54.4	58.8
借地農用地面積（ha）		31.5	57	27	25.8	28.7
借地料（ha当たり）		275	373	218	219	410
農用地面積（ha）		54.2	90.2	48	46.5	52.6
うち耕地（ha）		34.5	81.7	22.8	21.4	49.7
永年草地		18.8	4.3	25.1	25.1	3
飼料栽培面積（ha）		27.8	10.5	35.1	34.5	6.1
林地面積（ha）		6.5	7	7	7.1	5.5
労働力	合計（AK）	1.7	2.1	1.6	1.6	1.7
	うち家族労働力（AK）	1.5	1.4	1.5	1.5	1.5
	AK/農用地100ha当たり	3.2	2.3	3.3	3.4	3.2
耕地利用	収穫面積（ha）	53.6	90	47.6	46.1	52.1
	穀物・実取りトウモロコシ	19.8	50.2	11	10.3	37.8
	うち小麦	8.6	28.2	4.1	3.5	13.6
	甜菜	1	6	0.1	0.1	1
	サイレージ用トウモロコシ	6.1	3.5	7	6.4	1.9
家畜	牛（頭/農用地100ha）	98.4	2.4	150.3	150.3	4.1
	豚（頭/農用地100ha）	39	4.6	0.8	0.9	371.5
	うち肉豚（頭/農用地100ha）	31.6	4.4	0.8	0.9	278.7
	乳牛（頭）	25.4	0.3	36	40.2	0.1
生産	穀物（トン/ha）	68.5	74.3	63.4	62.2	75
	甜菜（トン/ha）	720.6	727.4	698.4	663.8	719.8
	搾乳量（kg/乳牛1頭）	6,903	5,826	6,932	6,943	6,704
	小麦価格（ユーロ/100kg）	18.89	19.21	18.1	18.19	18.16
	生乳価格（ユーロ/100kg）	41.61	39.13	41.64	41.66	42.02
収入 (a)	合計（ユーロ/農用地ha）	4,307	3,225	4,162	4,266	7,203
	販売収入（ユーロ/農用地ha）	3,331	2,283	3,213	3,295	5,995
	耕種部門	587	1,937	182	162	457
	うち穀物・トウモロコシ	257	757	106	94	150
	豆類・繊維作物	65	145	24	25	131
	エネルギー作物	11	30	4	1	36
	畜産部門	2,400	155	2,856	2,957	5,370
	うち牛	527	24	751	572	49
	生乳	1,273	7	2,048	2,364	3
	豚	517	64	10	11	4,949
	果実・野菜・ブドウ	146	0	1	1	1
	商業・サービス・副業	143	161	116	115	117
	うち雇用労賃・マシーネンリンク	68	70	61	60	80
	バイオガス	16	0	16	19	0
	その他経営収入（ユーロ/農用地ha）	969	949	949	955	1,178
	うち直接支払い・助成金	502	423	530	535	484
	EU直接支払い	322	320	322	322	324
	条件不利地域平衡給付金	29	30	59	62	42
	農村環境支払い	65	47	72	68	42
	うちその他収入	467	526	419	420	694

表序-3　バイエルン州の主業経営（つづき）

		平均	耕種	飼料	酪農	加工型畜産
	合　計（ユーロ/農用地ha）	3,301	2,433	3,063	3,078	6,119
	物財費	1,738	1,085	1,534	1,500	4,125
	うち耕種部門	343	568	236	232	383
	うち種苗	81	97	53	52	86
	肥料	147	237	118	118	147
	農薬	90	199	45	42	136
	うち畜産部門	881	105	802	752	3,141
	うち家畜購入	263	42	134	41	1,267
	飼料	480	56	494	521	405
	商業・サービス・副業	29	37	17	18	1,576
	その他物財費	478	373	474	492	560
	うち水道光熱費	130	71	127	136	218
支出（b）	機械等燃料費	179	173	182	186	176
	雇用労賃・マシーネンリンク	150	119	155	159	157
	人的経費	92	114	51	51	61
	減価償却	492	385	529	554	606
	うち経営用建物施設	125	67	141	144	194
	機械設備	314	277	326	342	379
	その他経営費	978	849	949	972	1,327
	うち建物維持費	56	43	55	57	71
	機械設備維持費	153	114	163	171	158
	うち経営保険費	122	108	124	127	149
	うちその他経営費	513	463	473	481	794
	うち借地料	161	238	123	122	223
収益（a−b）ユーロ/ha		946	796	1,039	1,117	964
収益（a−b）ユーロ/経営		51,277	71,766	49,892	51,983	50,744
所得（収益＋人的経費）ユーロ/AK		32,201	38,811	32,968	33,972	32,328

注：経営形態について，耕種経営は穀物，甜菜，飼料作物などが販売額の3分の2以上，飼料経営は牛，ヤギ，馬などが販売額の3分の2以上，飼料経営のうち酪農経営は乳牛，子牛などが販売額の4分の3以上，加工型畜産経営は豚，鶏が販売額の3分の2以上の経営である。

営当たりに換算したのが**表序-4**である。機械設備に関わる経費は，機械等燃料費，機械設備減価償却，機械設備維持費の合計とした。建物費は建物維持費と経営用建物施設減価償却費の合計とした。

　ここで注目したいのは，支出にしめる**機械設備・建物費**（マシーネンリンク支払いや減価償却費を含む）と借地料である。

　平均経営では，経営当たりの支出合計17万8,900ユーロに対して機械費3万5,000ユーロで19.6％である。耕種経営では同じく経営当たりの支出合計21万9,500ユーロに対して機械費は5万900ユーロで，23.2％である。飼料経営では同じく14万7,000ユーロに対して3万2,200ユーロで，21.9％，酪農経営では同じく14万3,100ユーロに対して3万2,550ユーロで22.7％である。さ

表序-4　バイエルン州の主業経営の経営当たり収支計算

(単位：100ユーロ)

		平均	耕種	飼料		加工型畜産
					酪農	
収入	合計	2,334	2,909	1,998	1,984	3,789
	耕種部門	318	1,747	87	75	245
	畜産部門	1,301	140	1,371	1,375	2,825
	サービス等	78	145	56	53	83
	その他収入	365	474	201	195	381
	うち公的助成金	272	382	254	249	255
支出	合計	1,789	2,195	1,470	1,431	3,219
	物財費	676	607	736	698	2,170
	雇用労賃・ＭＲ	81	107	74	74	83
	機械費	350	509	322	325	375
	建物費	98	79	94	93	139
	借地料	87	215	59	57	117
	その他	497	678	185	184	335
	家族労働報酬	545	714	527	553	570

らに加工型畜産経営では同じく32万1,900ユーロに対して3万7,500ユーロで11.6％である。すなわち，バイエルン州の主業経営は，養豚・養鶏に代表される加工型畜産を除いて支出合計の19～23％，ほぼ2割が機械費である。その機械費のうち**表序-3**にみられるように機械設備維持費にほぼ匹敵する雇用労賃支払い・マシーネンリンク利用料を計上しつつ，機械等燃料費・機械設備減価償却・機械設備維持費を支出合計に対して2割のレベルに抑えているということである。耕種経営や飼料経営（酪農を含む）の機械設備に関わる経費が支出合計に占める割合が加工型畜産経営のそれよりも相対的に高いのは，耕作機械の大型化と高額化を反映している。

また，雇用労賃・マシーネンリンク費が経営当たりで7,400～1万700ユーロ，すなわち支出合計の4～5％にすぎないことは，借地に依存して経営規模を50ha以上に拡大してきた農業経営は，土地と機械に対する投下資本を膨張させつつ，すなわち農作業の徹底した機械化を図りながら雇用労働力への依存を抑制し，家族労働力中心の経営構造を維持しているということである。経営農用地規模が100haを超えて大きくなるなかで，トラクターやとくに穀物収穫作業におけるコンバインの大型化も顕著である。その大型コンバイン

では世界的なアメリカ・ジョンディア社製コンバインがバイエルン州の家族農業経営にも共同所有形態で導入され，それが新しい「農民協同体」(Bauerngemeinschaft) とされ，経営維持に不可欠なものになっている。

さて，現代の多国籍金融資本主義のもとにあって，農産物市場・農業投入財市場などの市場との関係で，絶対数で多数にのぼり個別には市場支配力をほとんど持ち得なかった「労働型家族経営」と，少数経営化してにリージョナルなレベルでの農産物市場で一定のシェアをもつなかで，市場への個別対応が可能なだけの経営規模を持つにいたった「資本型家族経営」では，協同組合を含む家族農業経営の生産者組織のあり様を含めて，その存在構造に大きな差違が生まれている。少数経営化して「当該農産物市場で一定のシェアをもち個別対応が可能」なだけの経営規模，したがって販売量を持つにいたった「資本型家族経営」とするのは，豚肉を初めとする食肉分野において，畜産農家がアメリカほど独占的巨大食肉加工企業（ミートパッカー）による垂直的統合に組み込まれて事実上の「機械持ち労働者」するにはいたっていないといった事情も考慮すべきであろう。また酪農部門では，大手乳業メーカーとの競争に押されながらもローカルな中小酪農協同組合が乳製品加工・乳価形成において無視できないレベルで存在し，家族経営の拠り所になっていることも見落とすべきでなかろう。

3．本著の課題

ところがこのような農業経営構造の変化についてのわが国農業経済学界の議論はそれほど活発ではなく，国連が提起した「2014国際家族農業年」とそれを支える家族農業経営論に対してもビナインネグレクトに近い。

繰り返すが，EUやわが国では1990年代半ばに始まるWTO農産物自由貿易体制は国内農産物価格の低落による家族農業経営の危機を深刻化させた。中小規模経営を先頭にハイテンポでの離農が進み，経営数の急減と経営増減分岐点の上昇，そして「資本型家族経営」の形成にみられる農業経営構造の変

化が顕著である。そのような趨勢のなかにあっての,『第6報告書・食料安全保障のための小規模農業への投資』の指摘する「西欧やカナダにおける最近20年にわたる第4の経路」とその主要な担い手である小規模農業とはどのような経営であるのか。

まずは,第1章と第2章で,世界の農産物貿易体制がアメリカ主導で90年代にGATT体制からWTO農産物自由貿易体制への転換が強行されるなかでのEUにおける共通農業政策(CAP)改革が農業経営に与えた条件変化がどのようなものであったかを特徴づける。

次いで,第3章では,連邦国家旧西ドイツの南部地域,すなわちバーデン・ヴュルテンベルク州での農村地域開発政策と,バイエルン州のEU農業構造政策にオルタナティブを提示して州独自の家族農業経営とその生産者組織の維持展開支援を農政の基本に置いた「バイエルンの道」をみる。第4章ではそのようなオルタナティブを支えるマシーネンリンク(機械利用仲介組織)を,第5章では有機農業運動を取り上げる。

そのうえで,第6章と第7章では,国連報告書が「第4の経路」で指摘した「エネルギー生産」に関わって,1990年代後半以降のEUの電力自由化戦略と,とくに2011年3月11日の東日本大震災・東京電力福島第1原子力発電所過酷事故を受けての,ドイツにおけるエネルギー源の原発・化石燃料から再生可能エネルギーへの転換と大発電所・広域送電から小発電所による域内電力供給と消費への転換を一体化したいわゆる「エネルギー大転換」のもとでの,農業経営のバイオガス発電事業への参加を中心にした経営多角化を分析する。

以上を踏まえて,本著はドイツの家族農業経営を代表する南ドイツでは,「資本型家族経営」への類型的進展を遂げた農業経営が,EUの直接所得補償支払いや条件不利地域対策平衡給付金,さらに農業環境支払いなどの公的助成金に大きく依存しつつ,さらにマシーネンリンクに補完されて広域の機械作業協業システムを構築して,資本型家族経営としての農外兼業穀作経営を下層に存在させつつ,借地による穀物等飼料栽培拡大による飼料自給体制を

確立した酪農・養豚などの畜産経営が，(a) EUの原産地呼称・地理的表示認証制度も活用した有機農業展開，(b) バイオマス熱エネルギー生産による新たな農林複合経営，(c) 家畜糞尿にトウモロコシ・サイレージ，牧草サイレージなどをメタン原料エネルギー作物として利用するバイオガス発電の取り込みによる新たな多角化が，資本型家族経営としての存在構造となっているとするものである。

注
1) 同報告書を，家族農業研究会（代表・村田武）を組織し（株）農林中金総合研究所を共訳者に得て，「2014国際家族農業年」の年内に翻訳出版にこぎつけたのが，国連世界食料保障委員会専門家ハイレベル・パネル（家族農業研究会・（株）農林中金総合研究所共訳）『家族農業が世界の未来を拓く』（農文協，2014年2月刊）である。私は，同書の提起する論点はわが国の現代家族農業経営論が正面から捉えるべきものだと考える。村田武「2014国際家族農業年」『農業と経済』vol.80 No.2，2014年3月号巻頭言参照。
2) 前掲訳書『家族農業が世界の未来を拓く』99ページ。
3) cf. European Parliament, Family Farming in Europe: Challenges and Prospects, 2014, p.13.
4) イーアン・ボウラ編著（小倉武一他訳）『先進市場経済における農業の諸相』財団法人　食料農業政策研究センター，1996年，3～4ページ。
5) Shucksmith, M., J. Bryden, P. Rosenthall, C. Short, and M. Winter, "*Pluriactivity, Farm Structures and Rural Change*," Journal of Agricultural Economics, Vol.40, No.3, 1989, pp.345～360., Marsden, T., "*Towards the Political Economy of Pluriactivity*," Journal of Rural Studies, Vol.6, No.4, 1990, pp.375～382.
6) 玉真之介「『農家』は果たして特殊日本的概念か？―『農家』概念の再確立のために―」『農業経済研究』第64巻第1号，1992年6月，39～47ページ。
7) ドイツ政府は1998年センサスまで農用地面積1ha以上，99年から2ha以上であった農業経営基準を，2010年農業センサスから主業・副業経営に関係なく農用地面積5ha以上に変更した。農用地面積5ha未満の例外規定経営には，①一定数以上の家畜飼養（牛10頭，豚50頭，母豚10頭，家禽1,000羽），②露地永年作物1ha以上または果樹・ブドウ・樹苗0.5ha以上，③ホップ・葉たばこ0.5ha以上，④露地野菜またはイチゴ0.5ha以上，⑤露地花卉または観葉植物0.3ha以上，⑥ガラス温室などハウス園芸0.1ha以上，⑦菌茸類0.1ha以上が列挙されている。Statistisches Landesamt des Freistaat Sachsen, C/LZ 2010, S.3., Bundesministerium für Ernährung, Landwirtschaft und Forsten,

Agrarbericht 1988 der Bundesregierung, SS.18-19.
8）バイエルン州の2010年の農業経営（11万6,886経営）は農用地規模別にみると，10ha未満層4万371経営（34.5％），10～20ha層2万7,280経営（23.3％），20～30ha層1万3,096経営（11.2％），30～50ha層1万7,984経営（15.4％），50～75ha層9,872経営（8.5％），75～100ha層4,158経営（3.5％），100ha以上層4,125経営（3.5％）である。そして，このバイエルン州でも経営増減分岐点は50haから75ha水準に上昇した。
　さらに，農用地（バイエルン州の総農用地面積は322万ha）の経営規模別分布では，10ha未満層は18万8,143ha（5.8％），10～20ha層に41万6,438ha（12.9％），20～30ha層に32万7,682ha（10.2％），30～50ha層に69万6,938ha（21.6％），50～75ha層に59万8,578ha（18.6％），75～100ha層に35万6,649ha（11.1％），100ha以上層に63万5,781ha（20.0％）と，経営増減分岐点75ha以上層では99万2,430haと30％の農用地が集積されるレベルにある。LfL-Information (Bayerische Landesanstalt für Landwirtschaft), *Agrarstrukuturentwicklung in Bayern*, Mai 2011, SS.2-4.
9）磯辺秀俊『農業経営学・改訂版』養賢堂，1971年，50～54ページ。
10）1960年代の西ドイツ農業の階層分化と経営構造を論じた松浦利明は，磯辺に依拠して，「今日の西欧の場合, 労働型から資本型への過渡期として把握できる」とした。松浦利明「西ドイツ農業における階層分化」的場徳造・山本秀夫編著『海外諸国における農業構造の展開』（農業総合研究所，1966年所収），163～64ページ。なお松浦は，1984年にEC共通農業政策において本格的な過剰生産対策として酪農部門では生乳生産割当制度が導入されたことについて，「EC農業において最も基幹的な酪農部門に，自由競争による最適化を否定する数量割当が採用されたことの意義は大きい」として，1984年に10数年ぶりに政権に返り咲いたキリスト教民主同盟・社会同盟の保守党政権になって「農民的家族経営」（Bäuerlicher Familienbetrieb）という表現が復活したとしている。松浦利明解題「西ドイツの農民的家族経営の展望」『のびゆく農業』712, 1986年，2～4ページ。
　さらに，津谷好人は1970年代から80年代半ばにかけての旧西ドイツ北西部のニーダーザクセン州とシュレスヴィヒ・ホルシュタイン州を中心に経営展開を分析し，農業機械化の進展を「60年代前半から中頃にかけて小型機械化段階へ，さらに70年代には大型機械化段階に急速に移行した」として，優良経営層が高度機械化段階において重装備化して高労働生産性を実現する近代的農民経営であるとした。津谷好人「戦後西ドイツにおける農民経営の展開」椎名重明『ファミリーファームの比較史的研究』御茶の水書房，1987年，61～85ページ。

第1章

WTOの農産物自由貿易体制とEUの農政転換

1．WTOの農産物自由貿易体制

　1970年代後半から80年代にかけての米欧間の農産物貿易摩擦は，一方のアメリカにおけるバイオテクノロジーの発展に支えられた農薬・種子企業，食品企業，穀物商社などアグリビジネス企業の巨大化・多国籍化とその支配力の強化を背景にした穀物や大豆，さらに食肉を中心にした畜産物の増産と補助金つき輸出攻勢，他方でのEUでの共通農業政策（CAP）の価格支持政策に支えられた穀物増産と補助金つき輸出が生み出したものであった。

　巨大穀物商社の政治的圧力に押されたアメリカ政府は，この80年代にEUとの間で深刻となった農産物過剰と貿易摩擦の緩和をめざし，ガット（GATT，関税貿易一般協定）の多国間貿易交渉であるウルグアイ・ラウンド（UR，1986～93年）で，世界貿易機関（WTO）体制を構築することに成功した。

　第1に，1995年に成立したWTO体制は，1948年以来のガット体制，すなわち工業製品と農産物を事実上別扱いにし，農産物については国内農業を守るための輸入数量制限など関税以外の貿易障壁を容認するガットを否定し，関税のみを許容する自由貿易体制を成立させるものになった。これは，国連食糧農業機関（FAO）を中心にした1974年の世界食料危機いらいの世界の飢餓人口を減らそうという国際社会の努力――96年「世界食糧サミット」の「世界食糧安全保障に関するローマ宣言」に盛り込まれたような国際社会の

合意と決意——の力を削ぐことになった。

いまひとつは，1950年代いらいの国際商品協定，すなわち砂糖，コーヒー，ココアなどの一次産品に関する貿易量を規制する緩衝在庫や輸出割当などによって国際価格の安定をめざす国際協調の取組みに対して，アメリカは「国際コーヒー協定」から1993年に脱退したことにみられるように，推進者から妨害者の立場に移ることに躊躇しなかった。さらに国連貿易開発会議（UNCTAD）が1976年の第4回総会で採択した「一次産品総合プログラム」など，途上国農業の安定的発展をめざす国際社会の農産物貿易管理体制が，WTOの農産物自由貿易主義を最優先する新自由主義イデオロギーによってアンフェアなものとして退けられた。「一次産品総合プログラム」は，広範な一次産品の価格安定と輸出所得の改善をめざす包括的国際措置として「一次産品共通基金」の設立，産品ごとの国際商品協定の締結を促進する約束であった。こうして，WTOは農業をめぐる戦後国際社会の多元的な国際関係づくりを頓挫させることになったのである[1]。

第2に，WTOは，国内農業保護のための農産物貿易政策の採用を加盟国から奪うだけでなく，各国の農業政策を市場原理指向の新自由主義的農政に転換させるという合意も押しつけた。すなわち，「農業協定」は，補助金つき輸出のための財政支出の膨張からの離脱を狙って，「生産を刺激する」農産物価格支持政策の抑制を求める「デカップリング」政策への転換と国内農業支持の削減を加盟国全体に押しつけたのである。これは，穀物の生産過剰と貿易摩擦に直面して，それぞれの穀物農業の構造調整を迫られたアメリカとEUが，穀物過剰生産国だけでなく輸入国にも穀物生産抑制＝構造調整を迫ることを意味するものであった。穀物増産にポジティブな（すなわち"カップル"）価格支持政策から，穀物生産を抑制する，すなわちネガティブな（すなわち"デカップル"）政策に転換すべきだというのである。

WTOにおいて農業分野にもこのような新自由主義的政策を「国際基準」として押しつけようとするにいたった背景には，アメリカのカーギル社をはじめとする巨大穀物商社や農業・食品関連産業の巨大企業，すなわちアグリ

ビジネス多国籍企業の力が強まり，アメリカ政府の農業・農産物貿易政策に決定的な影響を及ぼすにいたったことを見逃せない。これがまさに，1980年代に始まるアメリカと多国籍企業主導のグローバリズムでありWTO体制であった。

2．なぜ"デカップル"なのか

(1) 発端はOECD「農業委員会レポート」

1993年12月に妥結をみたガット・ウルグアイ・ラウンド農業交渉は，主として1980年代の穀物過剰生産を抑え，米欧間の補助金つきダンピング輸出貿易摩擦を緩和することを狙って，アメリカが要求した農産物貿易自由化交渉であった。このことが，その妥結（WTO農業協定）には，国境措置での非関税障壁の撤廃・関税化による農産物貿易の自由化と輸出補助金の削減だけでなく，国内農業政策から生産刺激となる政策を排除するいわゆる「デカップリング政策」への転換を盛り込ませることになった。しかも，市場価格支持や不足払いなどの「国内助成」の削減が，当のアメリカやEUの穀物過剰生産国だけでなく輸入国にも要求された。

その理論的バックボーンになったのが，経済協力開発機構（OECD）の第26回閣僚理事会（1987年5月）で承認された『農業委員会レポート・各国の政策と農業貿易』であった。

このOECDレポートでは，国内農業助成が以下の4つに分類された。

(1) 市場価格支持――二重価格，価格プレミアム，輸入割当・輸出自主規制，関税・輸入課徴金，国内消費スキーム，供給管理（生産割当・セットアサイド），独占組織（マーケティングボード，輸入管理機関）

(2) 直接所得支持――直接支払い（災害支払い，不足払い，家畜頭数・面積支払い，直接保管支払い），輸入禁止補償，生産者が支払わされる課徴金（マイナス支持）

(3) 間接所得支持――資本助成，利子減免（補給），投入財助成（燃料，

肥料,運賃など),保険,在庫保管
(4) その他の支持——研究・普及・訓練,検査,合理化・構造改善,運賃減免,税減免,地方自治体の施策など

その分類基準としては,次の2つがあげられた。

第1に,農産物貿易への影響が直接的であるほど国内農業助成の「公正度」は低いものとされ,それには,①二重価格制や輸入関税・課徴金に代表される市場価格支持とともに,②不足払いも輸出国の場合は輸出補助金に相当するものとされ,③減反や生産割当などの供給管理計画,④輸入規制や輸出補助金などの「国境その他の貿易関連措置」が特定された。

第2に,国際農業摩擦の原因となった過剰生産にとってどの程度の要因であるかが問われ,「農業生産量と結びついた(output-related)助成」が「農業生産者の所得目標の達成におおかた失敗し,市場のバランス達成にも失敗して国際的な摩擦の原因になった」とされた。

(2)「消費者負担」から「納税者負担」へのデカップリング政策

こうして,OECDレポートは,貿易への影響が小さい助成と生産との結びつきが弱い助成こそが期待されるとする理念,つまり上の国内農業助成分類は,この2つの基準を総合して,いわばデカップリング度の低い助成から高い助成へ配列し,できる限りそれが高い助成こそ望ましく,どの国の農政もそうした方向への転換が国際協調にとって必要だとする政策理念を提起し,UR農業交渉を方向づけたのである。

このOECDレポートを作成したエコノミストは,自由貿易こそすべてとする新自由主義経済学をその理論的バックボーンにしている。また,この提案は新自由主義が何かともちあげる「消費者利益」論によりかかるのを特徴にしている。つまり,農業支持政策の市場介入・価格支持政策から直接支払いへの農政転換を,「消費者負担」から「納税者負担」への転換であり,価格政策放棄による低農産物価格の実現は,したがって「ともかく安いことは消費者にとって利益」だとする。直接支払いは大規模経営層への支払いが巨額

かつトランスペアレントとなり，その逆所得再配分性を露にする。その免罪符としての社会的「公正」性を，「消費者利益」に求めたいということだろう。新自由主義経済学は，国民が「消費者」として政策で支持された価格を直接負担するか，「納税者」として税として間接的に負担するかを，あたかも本質的に差があるものとして強調する。しかし，「納税者負担の方が消費者利益に適う」，だからこそ社会的に公正だとするのはまさにジョン・K・ガルブレイスが指摘する「悪意なき欺瞞」以外になにものでもない。ガルブレイスは，消費者利益や消費者主権が資本主義経済を動かす根本的な動力源だというのは，企業と企業経営者が現代経済社会を統治している現実を隠蔽する「悪意なき欺瞞」だと喝破したのである[2]。

3．農産物価格支持を放棄したEU

（1）共通農業政策

　西ヨーロッパでは，1958年にフランス，西ドイツ，イタリアにベネルックス3国（ベルギー・オランダ・ルクセンブルク）を加えた6か国で欧州経済共同体（EEC）が成立し，関税同盟に始まって経済統合の道を歩み始めた。このEECで国際競争力をもつ重化学工業を擁するドイツに対抗したいフランスの要求で持ち込まれたのが，農業分野でも統合を進めることで，西ドイツのアメリカからの穀物輸入をフランスが奪う「農業市場の統合」であった。それを，具体化したのが，共通農業政策（Common Agricultural Policy, CAP）である。CAPはフランスやドイツが第2次世界大戦後に構築した国内農業支持や対外保護を継承・融合して，①域内統一農産物価格制度をめざし，これに，②域内優先原則と，③農業財政の加盟国共同負担を基本原則にした。

　それは，対外保護のために，関税に加えて可変課徴金によって国際価格と遮断した価格での域内農業保護を，穀物，牛乳・乳製品，食肉，砂糖，オリーブ油にまで広げて，1960年代半ばには「農業共同市場」を完成させた。こ

れでアメリカからの安い穀物が西ドイツ市場から締め出された。そして，統一価格水準は，生産コスト，したがって市場価格の高かった西ドイツやイタリアに引き寄せて設定され，70年代半ばまで連年大幅引き上げがなされた。それが，EU加盟国（1958年設立時の6か国に加えて，1973年にはイギリス，アイルランド，デンマークが加盟）の戦略的農産物とされた穀物，牛乳・乳製品，牛肉，砂糖など広範な農産物の増産を刺激し，各国の農業生産力を飛躍的に高めることになったのである。とくにイギリスでは，加盟前のアメリカ型の「不足払い方式」での生産コスト補てん制度からEUの価格支持制度に転換することで，生産者価格は一挙に2倍近くに引き上げられ，農業者の生産意欲を大いに刺激するものとなった[3]。

これが1970年代半ばに，まず牛乳の増産でバターなど乳製品の過剰（「牛乳の海，バターの山」と皮肉られた），70年代末には穀物，80年代には食肉も構造的過剰につながったのである。ちなみに，EUの食料自給率（1987年）は，穀物111％，砂糖127％，牛乳・乳製品110％，牛肉107％となった。

過剰生産に対しては，まずは，目標価格と介入価格の抑制によって生産を抑える政策への転換が開始された。価格抑制で過剰生産を抑えられなかった牛乳・乳製品部門では，84年に生乳生産割当制（生乳クオータ）が導入され，すべての酪農経営は割当量以上の生乳出荷が制限されることになった。そして，介入買入れされた過剰在庫は80年代末にピークに達し，払戻金付き輸出を含む過剰処理は，価格維持制度に要する財政を急膨張させ，88年には289億ECUに達した共通農業財政（FEOGA）はEU総予算411億ECUの70％を占め，EU財政全体に重大な圧力になるに及んで，EUはCAPの抜本的改革を迫られることになったのである[4]。

(2)「1992年CAP改革」に始まる農政転換

EU委員会は，アメリカの主導で1986年に開始されたUR農業交渉を主導的に妥結させたいということもあって，CAP改革に乗り出した。その出発点となったのが「1992年CAP改革」であった。

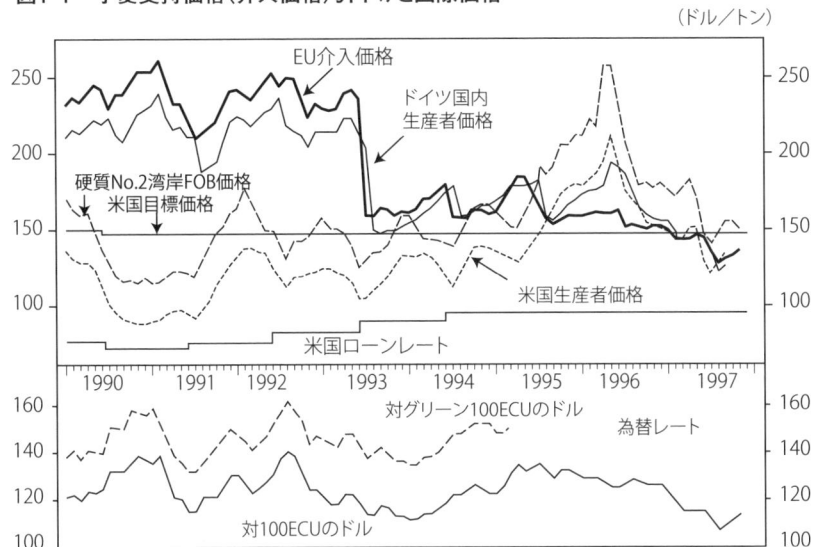

図1-1 小麦支持価格（介入価格）引下げと国際価格

（ドル／トン）

出所：Agrarwirtschaft, Jg. 47 (1998), Heft1.

「1992年CAP改革」の要点は，以下のとおりであった。
① 穀物・油糧種子（ナタネやヒマワリ）・豆科牧草・サイレージ用トウモロコシの作付けを5年間15％休耕させる。ただし経営規模がほぼ20ha以下の中小経営には休耕を免除する。わが国で案外知られていないのが，この中小経営に対する休耕免除である。休耕を利用して中小経営を離農させるといった力ずくの構造政策はCAP改革に際しては論外であった。
② 生乳生産割当制度は継続する。
③ 農産物支持価格を3年間で国際価格水準まで約30％引き下げる（**図1-1**）。
④ そして，耕種部門は価格引下げと減反にともなう農業所得減を100％，作付面積・休耕面積を基準に生産者に直接補償する（**表1-1**）。穀物の場合，加盟国ごとの平均1ha当たり収量×所得低下額45ECU（トン当たり）の「所得補償直接支払い」とされ，EU平均の単収4.6トン

表1-1 EUの直接補償支払い基準（ECU・マルク表示）

	ECU/t	ECU/ha	マルク/ha
穀物 （デントコーンや穀物と油料作物・豆類などの混播を含む）	54.34	304.30	593.28
デュラム小麦①		358.6	
②		138.9	
油料作物	433.50	574.94	1,120.91
たんぱく質作物	78.49	439.54	856.94
亜麻	105.10	588.56	1,147.47
休耕	68.83	385.45	751.48

出所：Die europäische Agrarreform Pflanzlicher Bereich, Bundesministerium für Ernährung, Landwirtschaft und Forsten, S.10などから作成。

注：1 ECU＝1.94962マルクで換算されている。デュラム小麦（ECU/ha）については，1992年改革以前には伝統的栽培地域については一般小麦よりも高い介入価格が設定されていたので，それを反映して，伝統的栽培地域には①の補償額が上乗せされ，半伝統的栽培地域にはそれよりも削られた上乗せ②がなされている。

　　　によれば平均補償支払額は 1 ha当たり207ECUとなった。休耕補償支払いも所得減補償支払いと同額とされた。この「所得補償直接支払い」は，支払いをいつまで継続するかについては明確にされてはいなかった。

　EUはこの休耕参加を条件として価格引下げによる所得減を補償する直接支払い，いわば過剰を抑制する「構造調整」に対する補償金を，WTO「農業協定」では暫定的に削減を免除される「青の政策」とすることをアメリカに認めさせることで（92年11月の「ブレアハウス合意」），UR農業交渉の妥結に合意し，デカップリング農政への転換をリードすることになったのである[5]。

　図1-2に見られるように，穀物の生産者価格は支持価格水準の切下げにともなって確実に低下した。穀物平均価格は1991年度では340マルク/トンであったのが，93年度では262マルクに78マルク・22.9％，95年度には246マルクに94マルク・27.6％，98年度には216マルクに124マルク・36.5％の下落となったことを確認しておきたい。農業生産に必要な資材の価格（表1-2）は，この間，穀物生産者価格とパラレルに下がることはなかったから，生産者にとっては「1992年CAP改革」の支持価格水準の大幅切下げは死活問題であ

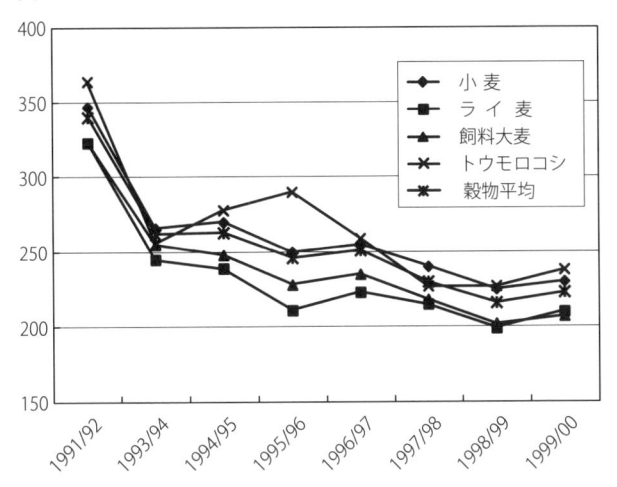

図1-2 穀物の生産者価格（マルク／トン）

表1-2 農業生産資材の価格指数　1991～2000年度（1995＝100）

	1991-92	1995/96	1996/97	1997/98	1998/99	1999/00	2000/01
肥　料	97.5	102.7	101	95.7	91	88.5	103.8
飼　料	112.6	101.8	110.1	106.2	94	93.6	102.6
種　子	97.4	98.2	96.9	95	94.1	93.3	93.7
農　薬	99.1	100.8	104.6	105.1	102.6	104	106.2
燃　料	99.8	101.2	106.9	104.9	100	117.4	134.8
トラクター	95.6	100.4	100.3	99.8	101	102.2	103.6
コンバイン	90.9	101.3	102.7	104.7	107	108.3	109.2

出所：Statistisches Jahrbuch des Bundesministerium für Ernährung und Landwirtschaft 2001, S.322

った。

注

1）国際商品協定に関しては，村田武『世界貿易と農業政策』ミネルヴァ書房，1996年を参照。さらに国際コーヒー協定に関しては，村田武『コーヒーとフェアトレード』筑波書房ブックレット，2005年を参照。
2）ジョン・K・ガルブレイス（佐和隆光訳）『悪意なき欺瞞—誰も語らなかった経済の真相—』ダイヤモンド社，2004年参照。
3）R・フェネル（荏開津典生監訳）『EU共通農業政策の歴史と展望』食料／農業政策研究センター，1999年，442ページ参照。

4）B・ガードナー（村田武他訳）『ヨーロッパの農業政策』筑波書房，1998年参照．
5）「欧州における100年来の価格支持による農業保護（農業所得支持）制度（1879年ビスマルク穀物関税の導入に始まる）において，市場政策（価格支持）と所得政策を分離するというアプローチにEUが着手するのは，WTO自由貿易体制に対応せんとした1992年CAP改革であった．」（A・ハイセンフーバー，Landbewirtschaftung morgen - vision für 2015, 2005）

　なお，ガット・ウルグアイ・ラウンド農業交渉を主導したアメリカは，以下にみるように，WTO農産物自由貿易体制への対応として穀物需給管理の放棄という方向に農政の舵を切った．

　アメリカでは，WTOが発足した1995年，96年にかけての国際穀物価格の高騰を好機とばかりに，クリントン民主党政権が1933年農業調整法いらいの穀物作付けのセット・アサイド（休耕）と農産物価格支持（価格支持融資制度，1973年以降は不足払い制が上乗せされた）を結合した農業保護制度の抜本的な転換に乗り出した．それが，セット・アサイドと不足払いを廃止し，穀物生産者には96年度から02年度までの7年間にわたって補償の「直接固定支払い」を行うという「1996年農業法」であった（96年度から02年度までの7年間に総額357億ドルを予算化）．これは，WTO農業協定との関係では，暫定的削減対象外国内支持としての「青の政策」の不足払いから削減対象外の「緑の政策」への転換を意味したが，決定的な意味は，世界最大の穀物生産輸出国であるアメリカが穀物の需給管理政策を放棄したところにある．

　ところが，アメリカの農政転換は，98年以降の国際穀物価格の逆転と長期低迷に干ばつも加わって農業経営への打撃が強まった段階で，国内農業保護に回帰する．穀物価格の低落に対しては，1998年から01年までの4年間にわたって，「市場損失支払い」が総額195億ドル支給された．この農業保護への回帰ないし逆転をさらに進めたのが「2002年農業法」であった．

　「2002年農業法」では，耕種作物に関しては，①「1996年農業法」にも残された「価格支持融資制度」の拡充，②「1996年農業法」では7年限りであったはずの「直接固定支払い」の継続と拡充，③「価格変動対応型直接支払い」という，96年農業法で廃止された平均生産費をカバーする「不足払い制度」の復活，④酪農部門でも，廃止されるはずだった「加工原料乳価格支持制度」の継続や，耕種部門と同様の「価格変動対応型直接支払い」の新設がなされた．この「2002年農業法」では，土壌の保全保留計画を中心とする「環境保全制度」が拡充された．というのは，「1996年農業法」によるセット・アサイド廃止は，ただちに耕地面積におけるフル生産を導くものであった．したがって，土壌浸食を起こしやすい耕地については，土壌保全のために生産から隔離する「保全保留計画」（Conservation Reserve Program, CRP）が導入され，生産者には生産隔離耕地（牧草を栽培して風食を防ぐ）に対して当該地域の小作料が

支給されることになった。「2002年農業法」では，この土壌を保全留保する事業が拡充され，「2008年農業法」では，「保全励行計画」（Conservation Stewardship Program, CSP）と改称されて拡充されている。2012年には8,000万エーカー（3,200万ha）の参加目標となっている。

こうしてWTOの農産物貿易自由化と国内農業支持の削減を主導したアメリカは，国際農産物市況の逆転・長期低迷に直面するや，真っ先に国内農業保護に回帰した。これは，WTO自由貿易体制の矛盾が最大の輸出農業国を直撃したことによるものであって，アメリカ自らがWTO自由貿易体制に根本的な軌道修正が必要なことを乱暴なやり方で国際社会に突きつけたということでもある。

当然のことながら，このようなアメリカの国益一辺倒の動きは，世界的な反撃を呼び込むことになった。それを代表したのが，2003年にブラジルが行った「アメリカの綿花補助金がWTO協定に違反する」というWTO提訴である。綿花は西アフリカ諸国など低開発途上国の主要輸出農産物であるが，アメリカでは穀物と同様の不足払いが実施され，加えてその輸出については輸出信用保証とともに綿花だけを対象とする「綿花ステップ2支払い」補助金が実施されてきた。綿花ステップ2支払いは，アメリカ国内産綿花の加工業者や輸出業者に対して，国産価格より低い国際価格との差額を補助金で補てんするというものである。WTOの紛争処理委員会上級審はブラジルの提訴をほぼ全面的に認め，綿花輸出信用保証と綿花ステップ2支払いをともに，05年7月1日までに廃止すべきとの最終裁定を下した。ブッシュ政権はWTO裁定に従って綿花ステップ2支払いを廃止せざるをえなかった。

ブッシュ政権は，「2002年農業法」の期限切れとなる07年には，WTO協定違反というさらなる提訴を避けるために，不足払い水準を引き下げる「2007農業法」案を提案した。しかし，2008年6月に，農業団体の圧力のもとに議会が大統領の拒否権を乗り越えて成立させた「2008年農業法」は，「2002年農業法」の「価格支持融資制度」，「直接固定支払い」，「価格変動対応型直接支払い」の3本柱からなる経営安定対策の基本的枠組みを維持するものであった。

それに加えて，不足払いを受給する新しい選択肢として，「平均作物収入選択プログラム」（ACRE：Average Crop Revenue Election）が09年から導入されることになった。これは07年以降の穀物価格の高騰と高値安定予測のもとでは，02年農業法で導入され，生産費基準の目標価格を保障基準とする「価格変動対応型直接支払い」が機能しないところからひねり出された新対策である。すなわち，この間の穀物価格の高騰がもたらした収入（全国平均市場価格×単収）を基準とするものである。当該作物の州の収入（州単収×12ヶ月間の全国平均価格）が，州の保障額〈最高と最低の年を除く5カ年の州平均単収×保障価格（全国平均価格の2年間の平均×0.9）〉を下回ったときに支

払われる。保障価格はトウモロコシが1ブッシェル4.34ドル、大豆が同10.08ドル、小麦が同6.17ドルである。生産者は09年にこのACREへの加入を選択すると、この07・08年の高価格水準での収入が保障される。すなわち高水準の市場価格を基準にした保護水準の実質的上昇を意味する。「2008年農業法」は「2002農業法」以上に、WTO協定の国内農業保護削減から逆行するものとなったのである。

　アメリカは、①輸出市場確保のために輸入国農産物市場の開放と、②過剰生産抑制のための農産物価格支持政策の抑制・国内農業支持の削減とを、「WTO基準」にすることを主導した。ところが、そのアメリカが世界穀物農業で最優位の位置に立ち、輸入国には市場開放を強要する一方で、国内農業支持削減を国内政治が許さないという二重基準、すなわち自らが国際社会に強制した「WTO基準」からの逸脱を避けられないということである。さらに食料保障という国際社会の課題にとってきわめて有害であるのは、それが世界にとって世界最大の穀物生産輸出国でありながら、需給管理政策を放棄したままであることにある。トウモロコシのバイオ燃料原料需要の創出（補助金つき）で国内過剰処理の道を拓く戦略を採用することでWTO加盟国からの国内農業保護批判を回避しようとしていることにみられるように、アメリカは、世界的な穀物供給と市場の著しい不安定化を防ぐために、国際的な農産物需給管理の再構築をリードするにはいたっていないのである。

　なお、以下も参照。村田武「日本農業の振興と戸別所得補償制度―『不足払い』には政策価格による下支えが不可欠」『農業と経済』vol.77　No.7、2011年6月号、73〜82ページ。

第2章

EUの直接所得補償支払いデカップリング

1.「2003年CAP改革」

　EUのWTO対応農政転換は，1999年の単一通貨導入，04年以降の東欧諸国へのEU拡大というEU統合の進展を背景に，2000年代に入ってさらなる進展をみせる。

　それは，国際価格を下回るほどの水準までの価格支持の引下げを行うとともに，農業所得減を補償する直接支払いは50％補償に留めることで，補償支払いの段階的停止に向けての動きを開始するものであった。さらにこれに加えて農産物市場支持政策中心であったCAPのなかで，農村開発・農業環境政策を「第二の柱」として強化する方向をめざすものとなった。

　「アジェンダ2000」（2000年4月最終合意）の中間見直しとしての，「2003年CAP改革」（2003年7月決定）が大きな転換とされる。直接所得補償支払いを従来の作物別生産高ベースから切り離し，農場への「単一支払い」に転換させたことによる。これが「デカップリング」と英語で表現されたのである（ドイツ語ではEntkoppelung）。

　2005年から実施段階に入った「2003年CAP改革」は，1992年CAP改革の継続・前進をめざした「AGENDA2000中間見直し」（the 2003 Mid-Term Review）である。この「中間見直し」がEU農政上の「第3画期」とされるのは，「第2画期」としての1992年改革（価格支持水準の大幅引下げとその補償直接支払い）で着手した域内農業保護政策負担の軽減を飛躍的に推進す

るために,直接支払いをデカップリングと「グリーニング」(環境保護政策化)に大きく方向づけたことによっている。

さて,AGENDA2000は,1992年改革をさらに推進するとして,
(1) 価格支持水準をもう一段引き下げる。穀物介入価格を2000年度から2年間で15％引下げ,牛肉介入価格を同じく2000年度から3年間で20％引下げ,3年間で介入買上げ廃止,乳製品介入価格を05年度から3年間で15％引下げなどである。
(2) これに対する補償支払いを引き上げるが,引上げ幅は介入価格水準引下げ幅の50％に止める,
(3) 2003年に中間見直しを行うとするものであった。

これはCAPが単一通貨EURO（ユーロ）の導入（99年）と21世紀初頭のEU東方拡大をひかえたEU財政改革のなかで重要な位置を占めるからであった。CAPの加盟国財政負担をめぐっては,イギリスの強硬な態度もあって加盟国間の交渉が暗礁に乗り上げ,事態はたいへん複雑になっている。そうしたなかになって,①東欧農業国の加盟前に域内農業保護水準を大幅に引き下げておくことで,新規加盟国の農業生産者の生産意欲を刺激しない状態を準備すること,②またWTO新ラウンドとの関連では,92年改革をさらに進めてもう一段高いレベルでのデカップリング（環境保護中心の「グリーン・ボックス」化）を実現することで,アメリカとの交渉に対処する狙いがあった。

ところでAGENDA2000のCAP改革案は,97年7月にEU委員会案が発表され2000年4月の臨時首脳会議で最終合意にこぎつけるまでには,欧州農民同盟（COPA）の呼びかけのもとで多くの加盟国農業者のCAP財政削減に反対する抵抗があり,介入価格引下げ幅や義務的休耕の緩和（休耕率10％へ）で妥協を強いられた。また,大型経営を抱えるイギリスやドイツ（旧東ドイツの集団経営が法人大型経営として存在）の抵抗で,EU委員会が提案した「直接支払いの経営規模に応じた逓減Modulation」の合意にはいたらなかった。したがって,2003年の中間見直しは,EU委員会にとってはさらなる農業保護削減・デカップリングをめざす大きなチャンスであったのである。

2．「単一支払い」と加盟国への適用

2003年CAP改革の要点は以下のとおりである[1]。
1）直接所得補償支払い全般の，生産からのデカップリング（直接支払いを作物別生産高ベースから切離し）。
2）デカップルされた直接所得補償支払いの農場への「単一支払い」への転換（Single Payment Scheme）。
3）単一支払いの受給にはクロス・コンプライアンス（"Cross Compliance"），すなわち消費者・環境・動物保護の分野での最低基準の遵守を義務づけ。
4）モデュレーション（Modulation），すなわち直接所得補償支払い（第一の柱）の一部を，農村開発（第二の柱）の助成予算や第二の柱の助成対象の一定の拡大に転用するための逓減（当初あった「経営規模に応じた逓減」という意味は放棄されている）。
5）EUの市場介入（Intervention），すなわち過剰農産物の買上げ・保管・売却を制限する。ライ麦の介入買上げを2004年度から廃止。
6）穀物介入価格水準は，101.31ユーロ/トンを維持。バター・脱脂粉乳の介入価格をさらに引下げ（バター・トン当たり：2003年度328.20ユーロ，04年度305.23ユーロ，05年度282.44ユーロ，06年度259.52ユーロ，07年度以降248.39ユーロ）。

デカップリングを主眼とするこの改革案についての合意をとりつけるために，これらの具体的な実施方法については加盟国の裁量にあるていど任されるものとされた（**表2-1**）。

第1に，デカップリングの実施開始時期を2005年から2007年の間のいつにするか。

第2に，デカップリングされた直接支払い（単一支払い）の新配分方法を以下のいずれにするか。

表2-1 直接支払いの「単一支払い」への転換方式（加盟国別）

	地域区分	開始年	転換方式	デカップリング除外分野	支払い額(百万ユーロ)	転換支払い額(百万ユーロ)
ベルギー	北部	2005	基本(歴史)方式	繁殖母牛奨励金100%		1,025
	南部	2005	基本(歴史)方式	屠畜奨励金100% 繁殖母牛奨励金100%	(0.4)	1,449
デンマーク	なし	2005	静態混合方式	雄牛助成金75%	(0.2)	10,475
ドイツ	州別	2005	動態混合方式	ホップ奨励金25% 葉タバコ奨励金60%	(24.6)	
フィンランド	3地域	2006	動態混合方式	雄牛助成金75%	(0.2)	876
フランス	なし	2006	基本(歴史)方式	耕種作物25% 繁殖母牛奨励金100%	(1,334)	10,464
ギリシャ	なし	2006	基本(歴史)方式	耕種一部 牛・羊奨励金100%	?	2,762
アイルランド	なし	2005	基本(歴史)方式	なし	?	1,965
イタリア	なし	2005	基本(歴史)方式	耕種一部	?	5,393
ルクセンブルグ	なし	2005	静態混合方式	なし		44
オランダ	なし	2006	基本(歴史)方式	屠畜奨励金100%	?	1,397
オーストリア	なし	2005	基本(歴史)方式	繁殖母牛奨励金100% 屠畜奨励金100% ホップ奨励金25%	(0.3)	1,128
ポルトガル	なし	2005	基本(歴史)方式	繁殖母牛奨励金100% 屠畜奨励金100% その他	(0.5)	856
スウェーデン	なし	2005	静態混合方式	雄牛奨励金など	(0.2)	866
スペイン	なし	2006	基本(歴史)方式	耕種作物25% 屠畜奨励金100% その他	(576)	6,485
イギリス	イングランド	2005	動態混合方式	なし		4,014
	ウェールズ	2005	基本(歴史)方式	なし	?	
	スコットランド	2005	基本(歴史)方式	牛奨励金10%		
	北アイルランド	2005	静態混合方式	なし		
15カ国合計					(1,936)	49,199

出所：EU・DGVIホームページ (2006年1月12日出版)、および、支払い額については、Oxfam, Briefing Paper, A Round for Free, June 2005, pp.50〜51より。

〔第1オプション〕基本（歴史）方式〔Basic (historic) approach〕

各経営が基準年（2000～02年）に支払いを受けていた平均額を計算の根拠にする方式。「過去の受給実績基準」つまり，2000～02年の平均経営面積による算出額となる。この平均経営面積の1ha毎に同額の受給権が配分される。したがってこの配分方法は，基準になる過去において受給権のある土地面積や家畜，生乳生産割当が大きかった経営にとって有利であって，将来にわたって高い支払額を保証される。ところがそうでない経営にとっては，基準期間以降に経営規模を拡大していても支払額は小さいということになる。

〔第2オプション〕地域（均一額）方式〔Regional (flat rate) approach〕

配分方式は個別経営基準ではなく，それぞれの地域水準をもとに地域内では受給権のある土地に同額支払い。各経営が受給する実際の支払額は，デカップリング開始時におけるその経営の受給権のある土地の面積による。つまり，過去の生産方法や集約度ではなく，デカップリング開始時における経営面積が基準になるので，過去に集約度が低い経営や，草地が支配的であるためにサイレージ用トウモロコシ助成金を獲得できなかった地域の畜産経営などにとっては，ようやく競争上の不利を助成金で被らなくてすむことになる。

〔第3オプション〕混合モデル〔Mixed models〕

基本（歴史）方式と地域（均一額）方式の混合システム（hybrid system）も可能である。その際に，①基本（歴史）方式と地域（均一額）方式を当初は混合するものの，年次毎に後者に純化させる動態混合システム（dynamic hybrid system）と，②混合割合を固定する静態混合システム（static hybrid system）の選択が可能である。

なお，ポーランドやハンガリーなど2004年新加盟国10ヵ国については，当面，既加盟15ヵ国とは異なって，各加盟国で面積当たり同一水準の支払い（Single Areas Payment Scheme）がなされる。

第3に，デカップリングの対象作目について，面積支払い対象作目のすべてか（full decoupling），もしくは一部だけをデカップリングするか（partial decoupling）も加盟国の選択にまかされた。

第4に，クロス・コンプライアンスについても，EU委員会基準は提示されるものの，具体的には加盟国の裁量にまかされた。

EU委員会のクロス・コンプライアンス基準は，以下のとおりである。

1) 環境保護（野鳥保護，地下水の水質保全，汚泥利用，窒素投下，野生生物生息地保全などに関する指針遵守），食料・飼料の安全，動物の健康・保護に関するEU指針に関連する19のEU規定

2) 「良好な農耕とエコロジカルな状態」に農地を保全
   ①土壌浸食緩和のために，a) 最低40%の耕地は12月1日から2月15日まで作物を栽培するか，表土上に残されている作物残渣を鋤き込まない，b) 段状耕地を均平化しない，
   ②土壌の有機物および土壌構造の維持のために，少なくとも3作物を栽培—どの作物も耕地の15%以上栽培—，
   ③農業利用をやめた土地の維持のために，a) 耕地の場合には，牧草を播種するか自然の草生にまかせ，成長した草を細かく裁断し耕地全面に撒布（マルチング），b) 永年草地の場合には，少なくとも年に1回は草を細かく裁断して草地全面に撒布するか，少なくとも2年に1回は草を刈り取る，
   ④景観保全のために，生垣，街路樹，農地内の雑木林，湿地，孤立樹木などの保全を義務づけ。

3) 永年草地の保全

第5に，加盟国独自財源オプション（national envelope）としての環境オプションも加盟国の裁量によって可能とされた。EU指令（1782/2004）の第69条にもとづくもので，特定の環境適合型生産方法や高品質産品の推奨のために独自の支払いが可能になる。

以上のような，加盟国ごとに選択が可能とされたデカップリング実施方法であったが，新加盟10ヵ国を除いて，第1オプションを採用した加盟国が，フランス，イタリア，オランダ，スペインなど多数をしめる。第2オプションを最初から採用した加盟国はなく，第3オプション（混合モデル）を採用

したのが，ドイツと北欧3国（デンマーク・フィンランド・スウェーデン），さらにルクセンブルク，イギリス（ウェールズとスコットランドを除く）であった。このうち，ドイツ，フィンランド，イギリス（イングランドのみ）は，動態混合システムを採用し，地域（均一額）方式への漸進的移行を組み込んでいる。

デカップリングの対象作目は，各国とも耕種部門のほとんど，畜産部門では繁殖母牛助成金や屠畜奨励金を残した国があるものの，総じて財政支出額でみれば圧倒的にデカップリングされたことがわかる。

3．ドイツにおけるデカップリング

（1）EU基準の適用

シュレーダー社会民主党・緑の党（赤緑）連立政権のドイツ連邦政府（農相は緑の党のレナーテ・キューナスト）は，EUレベルの議論で主張した「地域モデル」の採用を国内でも推進した[2]。

ドイツの適用方式は，以下のとおりである（**表2-2**）。

1）デカップリング開始を2005年とする。
2）デカップリングされる直接支払いの配分方法は，基本方式と地域方式の「混合モデル」とする。

　①経営個々の過去の実績基準による支給：雄牛特別支払い，子牛屠畜支払い，繁殖母牛支払い，生乳支払い（05年新設，05年2.368セント/kg，06年以降は3.55セント/kgに引上げ），牛飼育粗放化支払いの50％，羊・山羊支払い，乾燥飼料支払い，でん粉用ジャガイモ・葉タバコ支払いのデカップリング部分。すなわち，過渡期の困難を緩和するためとして，家畜支払い分野については過去の支払実績モデル（生乳の場合は生乳出荷クオータ量）を踏襲した。

　②その他すべての支払いは，農地当たり地域統一支払いへ。その際に，永年緑地に対する地域統一支払受給権は，耕地および転換緑地（耕作

表2-2 ドイツの地域別「単一支払い」(ユーロ/ha)

地域 (州)	2005年 (開始年) 永年緑地	耕地	均衡化後統一額
バーデン・ヴュルテンベルク	56	317	302
バイエルン	89	299	340
ブランデンブルク／ベルリン	70	274	293
ヘッセン	47	327	302
メクレンブルク・フォアポンメルン	61	316	322
ニーダーザクセン／ブレーメン	102	259	326
ノルトライン・ヴェストファーレン	111	283	347
ラインラント・プファルツ	50	288	280
ザールラント	57	296	265
ザクセン	67	321	349
ザクセン・アンハルト	53	337	341
シュレスヴィヒ・ホルシュタイン／ハンブルク	85	324	360
チューリンゲン	61	338	345
全国平均	79	301	328

出所：Bundesministerium für Verbraucherschutz, Ernährng und Forsten, Meilsteine der Agrapolitik, Ausgabe 2005, S.123.

地に転換された草地）に対するものより小額（その比率は各地域での決定。耕地支払額は当該地域のすべての耕地に対する従来の耕地に対して支払われていた額を基礎に算出）。

　したがって，個々の経営が得る支払額は，耕地ないし永年草地に対する地域統一支払額と，過去の実績にもとづく家畜支払いの農地（耕地および永年草地）への振替額との合計になる。したがって，家畜支払部分の大きさによって，個々の経営の支払受給権には地域の平均額との差が生まれる。

3）長期的には上述の経営間での受給権格差は解消されるべきであるので，漸進的に地域方式に純化させる動態混合システムを採用する。

　各地域内で耕地と永年草地で異なる支払受給権の均衡化を2010年に開始し，2013年に完了する（4段階，09年から10年は10％，11年20％，12年30％，13年40％）。2013年（政府案では12年であった）以降は，すべてのデカップルされた支払いは，各州内では耕地および永年草地

ともに同額が支給されることになる。こうした地域統一支払受給権は歴史的に州間で配分額に差があったために地域間での差はかなり大きい。その差を1ha当たり100ユーロ以下に抑えるために，地域間で一定の再配分が行われる。

4) ホップを除く永年作物，果実・野菜・食用ジャガイモ栽培地は，支払対象から除外する。

5) EU委員会が具体的基準値を示さなかったクロス・コンプライアンスについて，ドイツ政府は，とくに「良好な農耕とエコロジカルな状態」に関しては，土壌の腐植質バランスの保全を求め，腐植質炭素の含有が3年平均で75kg/ha以下にならないことや，刈跡地への火入れ禁止，休耕地への牧草播種ないし自然草生などを具体化した。

6) モデュレーションは，2005年3％，06年4％，07年以降は5％とする。

7) 「単一農場支払い」受給権は，相続または生前贈与された相続人が継承できる。さらに，同一地域（州）内であれば，農地附きまたは農地無しで有償譲渡ないし贈与ができる。

8) CAP改革の一環として行われてきた義務休耕は維持され，「単一支払い」を受給するには休耕義務に応じなければならない。義務休耕地も支払対象耕地に含む（義務休耕率はニーダーザクセン州の7.57％からメクレンブルク・フォアポンメルン州の9.05％の間にあって，全国平均は8.17％）。

　ただし，耕地面積20ha以下の小規模生産者―各地域（州）の平均穀物単収を2005年の義務休耕率で除して算出。ドイツ平均は，5.66トン/ha÷0.839＝19.38ha―には，義務休耕は従来どおり免除される（したがって休耕支払請求権なし。）

9) 環境オプションと例外対策のためにドイツが留保した事項には以下がある。

　①基準期間（2000～02年）に農業環境対策に参加（例えば粗放化）したために直接支払額が小さかった経営への補てん。

②基準期間以降，04年5月15日までに畜舎を増設ないし経営農地を拡大した経営にたいする支払い。

③新規参入経営：40歳以下であること，および農地30ha以上経営での開始が受給権取得の条件（2006年の申請は50％受給，07年申請は30％受給，それ以降は受給権なし）。

（2）「単一支払い」の実際と評価

まず，実際の支払い水準をみてみよう。

「単一支払い」は畜産助成を過去の実績にもとづいて継承する（基準期間2000～02年の飼養規模にもとづき助成水準を維持。たとえば繁殖母牛奨励金200ユーロ/頭）一方で，耕地については作物別面積支払い（穀物など主要作物は353ユーロ/ha）から農地支払いに一本化して支払水準を301ユーロ/ha（全国平均）に14.7％引き下げた。これに永年草地への農地支払い79ユーロ/haを新設した。耕地が支配的な平坦地においては，穀物を始め耕種作物の価格低下が趨勢になっているだけに，デカップリングにともなっての支持水準引下げの影響は小さくないであろう。旧東ドイツ地域に支配的な穀作大経営はともかく，旧西ドイツ地域の家族経営は穀物の自給飼料化による肉牛や養豚の拡大で対応せざるをえないであろう。永年草地が広がる地域では永年草地への農地支払いの新設および，7年がかりとはいえ支払額の耕地との均衡化（2013年には328ユーロ/haで完全均衡）が行われることについては期待が小さくないであろう。

このような，直接支払いの「単一支払い」への転換に対して農業団体や州のとった対応はどうであったか。

ドイツ農業者同盟とドイツ・ライファイゼン協会は，従来の直接支払方式のいかなる変更にも反対するとしたが，それについては農業者同盟内での反対意見が大きく，明確な態度表明ができなかったとされる。「単一支払い」の配分方法に関しては政府案に大半の州が賛成するなか，家畜支払いを「地域モデル」に統合することにバイエルン州が強く反対し，これにヘッセン州

とザクセン州が同調した。

　これに対して，中小農民や有機農業運動を結集する「農業連合」（AgrarBündnis）など非主流の農民諸団体は，草地の支配的な地域が耕地に恵まれた地域より低い支払いを受ける状態を続けるべきではないとして，草地と耕地に同額の支払いを行う「地域モデル」を直ちに全面的に導入するよう以下のように要求した[3]。

　「過去の農地利用に対する支払いではなく，農業景観（Kulturlandschaft）の保全に対する農業者の貢献度に応じて社会は報償（Honorierung）すべきだ。ある農業者がこれまでサイレージ用トウモロコシ依存の集約的肉牛経営を行い，隣の農家が草地依存の粗放的酪農経営を行っていたとして，前者が後者より面積当たり2倍も3倍も農業景観保全の役割を果たしたということがあろうか。」

　さらに，「農業連合」は個別経営の困難を緩和するために，中小農民と比較的雇用の大きい大経営との支払いの段階づけと再調整が必要であること，2008年からは直接支払いに労働要素基準（当該経営で就業する農業労働力数を支払基準に加える）を導入するよう提案している。

　結局のところ，連邦政府は「動態混合システム」の採用で議会での賛成をとりつけた。

　ドイツ政府の単一農場支払適用方式について，中小農民経営に依拠した団体や農業環境保護団体の支持が大きいのは，それが大規模経営の要求を抑えるとともに農業環境の改善に貢献するとみられたからであろう。

　ドイツにおけるデカップリングの適用に際して，いまひとつ議論になったのは，EU委員会基準は提示されるものの具体的には加盟国の裁量にまかされたクロス・コンプライアンスをめぐってであった。デカップルされた直接支払いにとっては，①耕種生産は2004年9月1日から05年4月30日の間に耕地か永年草地か，耕地での栽培作物は支払対象作物であるか，②畜産部門は基準期間である2000〜02年における支払対象家畜の飼養規模がどの程度であったかが問題であって，05年5月1日以降は栽培作物が何であるか，そもそ

も作物を栽培しているか,さらに家畜の飼養規模の変化は問われないのである。ただし,「単一支払い」を受給し続けるにはクロス・コンプライアンス規定を遵守しなければならない。ところがドイツで具体化されたクロス・コンプライアンス規定は,もっぱら「良好な農耕とエコロジカルな状態」として定義され,農地を最低限,維持管理するだけでよいということになった。例えば年1回のマルチ,すなわち草を細かく裁断して表土を覆い土壌浸食を防ぐなど。ところが,EU委員会の提示した19にのぼるEU環境保護指針にもとづいて実施されている環境対策は,この水準よりも高い環境保護水準を要求しているので,それ(たとえば水質汚染防止に関する法律)に違反すれば処罰を受けかねないのであって,これは「二重の制裁システム」を持ち込むことになる。さらに,「単一農場支払い」要件としての緩やかなクロス・コンプライアンス基準と,すでに州別に実施されている農地保全計画・環境支払い(バーデン・ヴュルテンベルク州のMEKAとバイエルン州のKULAPが代表的)のコンプライアンス基準との格差も生まれ,クロス・コンプライアンス基準の輻輳が問題になる。環境保護団体はクロス・コンプライアンスの枠内にできるかぎり高い水準を取り込むべきだと要求したが,「緑の党」のキューナスト女史が「赤緑連立」政権の消費者保護・食料・農業相を握っていても,クロス・コンプライアンス要件の緩和を求める主流農業団体の圧力に妥協をせざるをえなかったとみられる。

4．直接支払いは社会的に公正か

さて,1992年CAP改革で導入された直接支払いは価格引下げに対する所得補償としての支払いであるとされ,それなりの社会的公正性を主張できた。しかし,それが土地生産力(単収水準)を基準にした面積支払いになったところから,現実には以下のような問題を浮上させることになった。

第1に,大規模経営への支払額が巨大であることがより鮮明になったことから,そうした支払いが公正たりうるかどうかで社会的疑念を呼び起こした

のである。

　農用地1ha当たり350ユーロから500ユーロ強の直接支払い・助成金が支給されるのであるから，農用地面積規模がほぼ70haから120ha程度の主業経営が，総額3万～4万ユーロの受取りとなるのはともかく，1,000haを超える大型法人経営は40万ユーロ超の受取りになる。旧東ドイツ地域の巨大経営は，農用地規模が2,000haから3,000haという経営も存在し，80万から120万ユーロという巨額の受取りである。

　第2に，面積支払いが耕地での集約栽培（高収量）を基礎にして算定されたから，過剰生産の抑制にも環境適合型農業の推奨にもつながらないことが批判を浴びることになった。

　こうした問題の克服をめざして，EU委員会はAGENDA2000の「中間見直し」（2003年）を好機として，「直接支払いの生産からの本格的なデカップリング」を標榜して，クロス・コンプライアンス規定の遵守を条件に，「単一支払い」への転換を図ったのである[4]。

　ところが，このデカップルされた直接支払いもまた，その社会的公正性の説明において問題をかかえている。92年改革の「面積支払い」が農産物価格引下げ補償として導入された際にあった社会的公正性についてのそれなりの説得力に比較して，デカップリング直接支払いそれ自体の説得力は弱い。しかも，EU委員会はデカップリングに際して，加盟国，とくに反対の強かったフランスの合意をとりつけるために，①移行期間の柔軟化，②過去の実績にもとづく支払いの容認，③クロス・コンプライアンス要件の設定などについて，加盟国の裁量幅を大きくせざるをえなかった。このようなこともあって，支払いの社会的公正性についての説得力を弱めることにもなった。ドイツにおいて，赤緑連立政権が「地域モデル」でのデカップリングを推進し，耕地と永年草地との支払い水準均衡化を持ち込み，支払いのグリーニングをめざしていることはこの社会的公正性の確保をめざすための選択であったと考えられる。

　主要加盟国の農業構造が全体として「労働型家族経営」ではなく「資本型

家族経営」を基幹経営とする段階に到達した現段階にあって，EU農政がCAP改革をデカップリングに方向づけるほど，域内農業保護手段としての直接支払いは，その社会的公正性を農業経営安定対策としてではなく，農地・農村景観・環境保全対策（グリーニング）として主張せざるをえないことになる。このような意味で，EU委員会がWTO体制の外圧を奇貨として，大きく踏み出した「国内支持のデカップリング」は，1992年改革—価格支持水準の大幅引下げとその補償直接支払い—で着手した域内農業保護政策負担の軽減を本格的に推進する体制を整えたことを意味する。

5．EUにおける農業環境・農村開発政策の導入

（1）条件不利地域対策の導入

EUにおける環境に対する農業の役割については，1980年代初めまでは「農業が環境を保護している」とする肯定的な評価が一般的であった。

CAPにおいて農業の環境に及ぼす影響に関連した最初の対策は，1973年のイギリスのEU加盟にともなって第二次世界大戦中からの「イギリス丘陵地対策」を引き継いだ条件不利地域対策であった。ただし，この対策には，環境的な目的に対する助成措置としての位置づけが主たるものではなかった。というのも，EUにおける環境問題は70年代に入って初めて注目され，73年末に最初の「環境行動計画」が採択されたものの，それがその後の計画更新で次第に強化されて政策目標が明確になるのは「第3次行動計画」（1982〜86年）を待たねばならなかったからである。

「第3次行動計画」では，「環境政策の究極の目標は人間の健康の保護であり，水，空気，土地利用および景観の観点からみた空間，天候，原料，構築された環境，自然および文化遺産といった生活の質を規定するすべての資源を十分な質と量で持続的に入手する可能性であり，その維持と同様に，可能であれば動植物に適した生息環境を有する自然環境の再生である」とされた。そして，この一般環境政策は，「単一欧州議定書」の採択によってようやく

1986年にローマ条約に追加されたのである[5]。

　農業環境政策への関心を高めることになったのは，同じく80年代になって農業生産の集約化や地域特化にともなう過剰生産問題が深刻化したことにもよっている。

　1985年には，EC委員会の「グリーンペーパー」が，農業の環境への有害な影響を抑え，環境適合型農業の推進に貢献する方向でのCAPの改善を提案した。同時に，「農業構造に関する理事会規則」第19条が，加盟国がそれぞれの「環境保全地域」（ESA, Environmentally Sensitive Areas）において環境適合型農業を助成する特別対策を承認することになった。この後，1987年には，この「環境保全地域」支払事業には，各国の財政支出に加えてCAPの共通財政から上限25％までの払戻しが認められた。そして，「1992年CAP改革」の一部として「農業環境規則」が導入されるにいたって，CAPは環境要件等の法令遵守，すなわちクロス・コンプライアンスを掲げて総合的な農業環境政策を取り込むことをその改革の重要な内容とするのである。

（2）地域政策と農村開発政策

　1980年代における農業環境政策への関心の高まりは，同時にEU域内の地域間格差の是正を目的にした地域政策が求められるなかで，条件に恵まれない農村地域の荒廃を防ぐための農村政策が必要であるという認識を深めることになった。

　それは，「最も条件に恵まれていない地域での生産活動やインフラ整備，小規模企業の起業支援など」を推進する統一的地域政策の本格的始動を不可避にしたのであって，その財政基盤は1975年の「欧州地域開発基金」（ERDF, European Regional Development Fund）の創設で与えられることになった。さらに1992年までの市場統合をめざした「1986年単一欧州議定書」の調印や，同年のスペイン・ポルトガル加盟は1988年の「構造基金改革」によって統一された構造政策の構築による地域政策の展開につながった。それは第Ⅰ期（1989～93年）に始まって，93年の構造基金規則の改正・「結束基金」の設立

——これは相対的低所得国であるスペイン・ポルトガル・アイルランドが対象——にともなう第Ⅱ期（1994～99年），そしてさらに2000年以降の第Ⅲ期である[6]。

「構造政策助成」は,事業目的に対応した受益地域を指定している（ただし,目標3，目標4，目標5aは地域指定なし）。

　目標1：後進地域の開発と構造調整の促進,
　目標2：産業衰退地域の経済的転換,
　目標3：長期的失業者（1年以上失業状態にある25歳以上の人）の雇用研修および雇用促進,
　目標4：若年者（25歳未満の求職者）の就業促進,
　目標5a：農業・漁業の構造転換,
　目標5b：条件に恵まれない農村地域での経済基盤の多角化,
　目標6：低人口密度地域での地域開発

農村開発政策は，この構造政策助成（域内地域間格差是正の地域政策）と関連する地域政策に位置づけられている。そして，かつての「開発＝経済目的の達成」という認識を脱して「農村地域のバランスの維持・回復のための農村開発」という農村政策の新基本方向を提示したのが，1988年のEC委員会「農村社会の将来」（Future of Rural Society）であった。この新基本方向はまた，農村開発の方法においてボトムアップ方式・政策連携・地域でのパートナーシップの重視を強調した。

目標1については，農村景観や環境の保全，観光のためのインフラ整備，林業活動の開発などに助成がなされる。目標5a・5bにおける主な対策は，

　①生産と販売のバランスを立て直すうえで役に立つ市場政策をともなう対策,
　②生産構造の近代化と調整（所有地の交換分合，若年農業者の就業，早期引退など）を支援する対策,
　③農水産物の加工・販売システムの改善促進,
　④環境の保護と保全
　⑤農業所得の支援対策（所得援助，条件不利地域・山地における補償支払

い）である。

　さらに，1992年からは目標1，目標5b，目標6で指定された地域に対する助成事業は，「農村地域活性化事業」が実施されてきた。これは，「農村地域における経済開発のための活動の連携」（リーダー：LEADER, Liasons Entre Actions de Development de l'Economie Rurale）というのが正式名称であって，その事業目的は，農村地域をめぐる状況の大きな変化のなかで，ヨーロッパ全体の協力によって新しい展望を考え，その経験をEU全体に普及させるという認識にもとづいて，農村地域で活動している公共機関および民間関係者が協働して取り組む革新的な農村開発の経験を引き出すことだとされている。1992～94年の第1期（LEADERⅠ），95～99年の第2期（LEADERⅡ）から，さらに2000年からはLEADER＋が実施されている。

　このような動きは「アジェンダ2000」において，CAPの「第一の柱」たる農産物市場支持政策に対して農村開発政策をCAPの「第二の柱」に位置づけ，農村地域の持続的で広い分野を統合した開発の条件を整備することにさらに力を入れることが目標とされる。

　そこでは，①農村地域の魅力と総合的な発展の推進（農村開発），②農村地域の経済要素としての農業部門の発展の可能性を活用（競争能力の改善），③農業および構造転換対策の強化によって環境保護の改善（環境・条件不利地域対策）という3つの重点が掲げられている。政策の基礎となる法令を9規則から1規則に簡明なものにし，「補完原則」にもとづいて，加盟国や地域での取組みをより弾力的なものにすることがめざされている。

　具体的方策としては，①農村開発1として，農業環境，植林，早期引退，条件不利地域対策，②農村開発2として，農業経営の投資，若年農業者の育成，訓練，加工販売施設投資，山林管理，住み良い農村地域への改造・開発などが掲げられている。

　ここにみえるのは，僻地やEU周辺部を含めて農業や農村の安定的存在なくしては将来の欧州社会の展望は開けないとする認識が，EUにおける農業環境・農村開発政策を支えているということであろう。

6．直接支払いが支える農業経営

図2-1は，バイエルン州農業局所属の農業経済研究所が発表している最新の「穀物作主幹経営の収益と経費」（2011経済年度）である。現代の家族農業経営の経営収支構造がよくわかる。

収益では，作物販売額がどの階層でも農用地1ha当たり1,100～1,300ユーロの水準にあり，その他販売額（400～600ユーロ）を加えると1,600～1,900ユーロになる。これに公的助成金の受取り（370～410ユーロ）を加えた収益合計が1ha当たり2,000～2,300ユーロである。収益に占める公的助成金は10～30ha層では19.1％，30～60ha層では23.5％，60～150ha層では24.4％を占める。

図 2-1　穀物経営の収益と経費（ユーロ / 農用地 ha）

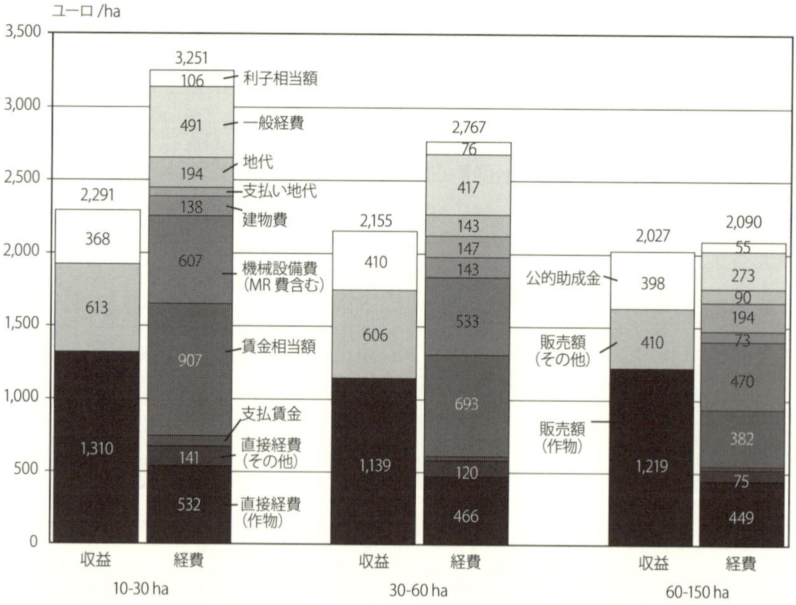

出所：Bayerische Landesanstalt für Landwirtschaft, Wirtschaftlichkeit im Marktfruchtbau, März 2013, S.9.

表2-3 農業経営が受け取った経営単位の直接支払いと助成金（ドイツ・2012年度）

	小・副業経営	主業経営 小規模	主業経営 中規模	主業経営 大規模	主業経営 平均	法人経営	総平均
		旧西ドイツ				旧東ドイツ	
調査経営の割合%	25.7	21.8	31.7	19.0	72.5	1.7	100.0
農用地面積 ha	27.6	39.6	66.3	128.2	74.5	1,151	81.1
労働力 AK	1.0	1.5	1.9	3.3	2.1	22	2.2
EUの直接支払い ユーロ	8,820	12,423	21,087	40,949	23,698	350,589	25,540
利子・投資補給金	81	296	955	1,233	830	22,807	1,018
農業用ディーゼル油補償	687	994	1,877	3,891	2,140	27,414	2,205
条件不利地域対策平衡給付金	883	1,310	1,383	837	1,218	16,128	1,390
農業環境支払い	1,921	2,645	2,757	2,919	2,766	35,592	3,118
その他支払い	257	319	499	984	572	13,862	722
支払い合計額							
ユーロ／経営	12,649	17,988	28,557	50,813	31,225	466,392	33,993
ユーロ／農用地 ha	459	455	431	396	419	405	419
ユーロ／労働力 AK	13,132	12,364	15,246	15,453	14,737	21,234	15,696
経営粗収益に対する割合%	15.9	14.6	11.0	7.8	9.7	13.1	10.8
所得（利潤＋労働報酬）							
ユーロ／労働力 AK	16,379	22,315	33,768	43,936	35,548	42,887	34,646
直接支払い・助成金合計の所得に対する割合%	80.2	55.4	45.1	35.2	41.5	49.5	45.3

出所：ドイツ食料農業省, Die Wirtschaftliche Lage der landwirtschaftlichen Betriebe, Wirtschaftsjahr 2010/13, S.21.

　農用地面積当たりでは，経営規模が大きいほど収益に占める助成金の割合が上昇し，最大規模層では4分の1にも達する。

　経費は，10～30ha層では3,251ユーロと収益2,291ユーロを960ユーロも上回る。30～60ha層でも経費2,767ユーロは収益2,155ユーロを612ユーロも上回る。60～150ha層になってようやく公的助成金を加えた収益2,027ユーロが経費2,090ユーロを何とかまかなえるという関係にあることがわかる。

　現代ドイツの農業経営を公的助成金が支えていることは，**表2-3**「農業経営が受け取った公的な直接支払い」でも確認できる。農用地1ha当たりで400ユーロ台の助成金は，当然のことながら経営単位では規模が大きくなるほど大きくなり，主業経営の大規模層では5万ユーロ台に達する。ちなみに旧東ドイツの法人経営は平均46.6万ユーロもの助成金で支えられている。

これは，第1章でみたように1993年のウルグアイ・ラウンド妥結に際してEUがCAP改革をもってし，EU域内農業保護の中核的政策であった穀物介入価格支持を3年間でアメリカ産穀物価格水準に引き下げ，つまり事実上放棄したことにともなう農業所得の低下を補償する直接支払いを導入した結果である。

7．CAP改革と農業環境政策下のドイツ酪農

（1）ドイツ酪農家全国同盟とEU酪農政策

ドイツ酪農家全国同盟（Bundesverband Deutscher Milchviehhalter：BDM e.V.）は，南バイエルン・アルゴイ地方で活動していた酪農家の地方組織10団体が合併して1998年1月に誕生した酪農家の政治運動組織である[7]。合併時2,500人であった会員が，とくに2004年10月以降の生乳価格の下落のなかで，ドイツ農業者同盟[8]など既存組織に飽き足らない酪農家が全国的に参加するようになり，05年には北ドイツで組織された組織（旧東ドイツのメクレンブルク・フォアポンメルン州の大規模酪農経営が運動の先頭であった）と合併し，今や3万2,000名の会員，すなわち全ドイツで10万経営の酪農家の3分の1が参加する全国組織に成長している。全国平均の搾乳牛規模は1経営あたり44頭であるが，BDM会員のそれは，多数を占めるバイエルン州などドイツ南部では23頭平均，しかし北部では最大2,300頭という大経営（旧東ドイツの農業生産協同組合の後継）も参加しており，平均36頭である。BDMは全国の生乳生産量（約2,800万トン）の44％（1,230万トン）のシェアをもっているので，乳業企業との乳価交渉やCAP改革に対するロビー活動では無視できない存在となっている。

BDMは協同組合法にもとづく法人組織であって，全国理事会（理事5名），評議員会（20名）のもとに，全国代表者会議（代議員100名），州代表者会議（州によって30名から150名の幅がある），県代表者会議の各段階で意思統一が図られている。会員の年会費は①基本会費60ユーロと②乳牛1頭当たり1

ユーロで，平均100ユーロほどになっている。

　BDMの主たる活動は，EU委員会やドイツ連邦政府・州政府などへのロビー活動と，会員教育である。ごく一部，9万トンの生乳を集荷して乳業企業に販売している。

　会員教育の一環としてすでに5回実施したカナダへの研修ツアーは会員の人気が高い。BDMとしては，NAFTA（北米自由貿易協定）のもとでも，乳製品の国境措置を確保して，アメリカよりも高い乳価（53セント/kg）を実現しているカナダ方式をモデルと考えている。

　ドイツ農業者同盟が，保守党のドイツ・キリスト教民社同盟・社会同盟を支持しているのに対し，このBDMは政治的には中立である。BDMのキャッチフレーズはDie faire Milch für einen gerechten Preis für unsere Bauern!（わが農民への適正な価格をもたらすフェア・ミルク！）である。会報 "BDM aktuell" をほぼ月刊で発行している。

　BDMは生乳生産クオータ制度の廃止には反対で，「制度を改善して維持すべきである」という立場である。2007年を通じて1kgほぼ44セントを維持していた生乳価格は08年1月から下落しはじめ，5月には31セントとなってそのまま低迷している。生産クオータを超過して出荷される「自由乳価」は18セントである。ドイツ国内での牛乳・乳製品需要は安定しているのに，生乳価格がこのような低迷状況にあるのは，CAPヘルスチェックで生乳生産クオータの毎年1％引上げ提案が，すなわち供給増が市場にインパクトをすでに与えている結果だとBDMは考えている。BDMとしては，09年以降の生乳価格は，中国の牛乳・乳製品輸入増加やニュージーランドの干ばつによる供給増ストップによる国際価格のアップによって，40セント/kgを乳業メーカーに要求している。

　これに対してドイツ農業者同盟の酪農乳業部門組織である「牛乳部」（Referat Milch）には酪農家だけでなく乳業企業も参加しており，輸出指向が強く，生乳生産クオータの引上げで低乳価をカバーする戦略である。BDMの主張はそれとはまったく逆であって，生乳生産クオータ制を維持し

ながら，生産クオータを需要に対応させるフレキシブルな運用を求めている。

　CAPヘルスチェックは，条件不利地域の酪農経営に対する対策として3億ユーロの「生乳基金」を創設するとしている。しかし，この基金はCAPのデカップリング直接支払いのモデュレーションが原資であって，もともと農業者に対して支払われてきたものにすぎない。しかも，山地など条件不利指定地域でなくとも草地に依存する度合いの高い酪農経営は，耕種地帯に比べれば圧倒的に条件不利である。3億ユーロを全国の酪農経営に配分するとなれば，1kgの生乳に対する補助はわずか1セントにすぎない。乳価の下落はもっと大幅である。生乳基金の支給が増産につながる投資助成であることも問題だとするなど，ドイツの酪農経営の要求実現をめざすBDMの主張は明快であった。

（2）生乳生産クオータ制度廃止直前の酪農経営

　ロートハウプト農場はバイエルン州最北端ウンターフランケンのレーン・グラプフェルト郡の郡都バート・ノイシュタットの北郊の小さな村レーベンハンの村内で酪農を経営している[9]。

　大学農学部を卒業後，研修を経て自家農業に就業したクリストフ氏（31歳）は，父が56歳で死去したことによって早期に経営主となった。自分と研修生（Lehrling）の1.5人という労働力で耕地75ha・草地5ha，乳牛75頭（うち搾乳牛60頭）・子牛12頭（育成牛は他経営に委託）という経営である。トラクター3台（うち1台は250馬力超の大型で6経営の共同所有），コンバイン1台など耕作機械を一貫保有している。トラクターの1台で冬期，村の道路除雪作業を担っている（臨時収入になる）。

　さらに，この経営規模では常雇労働力を雇用するわけにはいかないので，搾乳ロボット1台（スウェーデン・DeLaval社製，10万ユーロ）を導入し，24時間搾乳（1頭当たり搾乳時間7分で6時間間隔）で1頭当たり8,000kg/年の搾乳をこなしている。乳牛品種はまだら牛（Fleckvieh）とブラウン種（Braunvieh）である（いずれも乳肉兼用品種であるが，どちらかといえば

乳量重視型品種）[10]。

　耕地75ha（うち60haが借地と借地比率が高い）は，小麦20ha（単収7.5トン/ha），大麦10ha（同5トン），サイレージ用トウモロコシ15ha（同40トン），大豆10ha（同2.8トン），ナタネ15ha（同3トン），クローバ5haの栽培である。サイレージ用トウモロコシと大豆は全量自給飼料向けである。

　農産物販売は，耕種では小麦（単価18ユーロ/100kg），大麦（同13ユーロ），ナタネ（同35ユーロ）の販売で4万ユーロ，生乳では23万ユーロ（単価30〜31セント）の販売で，合計27万ユーロである。収益には，これにEUの直接支払い助成金3.6万ユーロ，バイエルン州農村環境支払い（KULAP）7万ユーロが加わる。この地域は条件不利地域ではないので，条件不利地域平衡給付金の受給はない。

　支払い経費は雇用労賃（研修生と収穫期にコンバイン運転で15〜30日雇用）3万ユーロと，借地料（単価平均300ユーロ/ha）が91ha分で2万7,300haとなる。雇用労賃と借地料の合計5万7,300ユーロだけで農産物販売額27万ユーロの21.2％を占め，これに機械設備費などの経費を加えれば，確実に経費が農産物販売額を上回り，EU直接支払いなどの公的助成金で補てんされているとみられる。ちなみに，搾乳ロボットの運転経費は2〜3セント/生乳1リットル当たりという。

　クリストフ氏は，「2015年3月末をもって生乳生産クオータ制が予定どおり廃止され，生乳生産が自由化されると乳価は下落を避けられないであろう。25セント/kgまで下がると自分の経営は自家労賃部分もなくなる」としている。

　再生可能エネルギーでは，農業機械庫の屋根に張った太陽光パネル（110kW）で自給分30kWを超える80kWの売電で8万ユーロの収益を得ている。これは農家所得補てんにとってけっして小さくない。

　牛糞は冬期にスラリータンクの容量15㎥を超えるので，約200㎥を近隣ウンスレーベン村のバイオガス発電施設に供給している（1.5ユーロ/㎥なので，収益はわずか）。

有機農業への転換には，農場を村外に移して広い飼育施設を確保するための投資が必要であり，生乳価格の下落が予想されるなかではそれは冒険である。またバイオガス発電事業については，この酪農経営規模では戸別発電事業の創設はもちろん，協同バイオガス発電事業への参加も経済性に乏しいとみている。

　ロートハウプト農場の経営収支は，2015年4月に始まる生乳生産自由化のなかでの生乳価格の下落にさらされることになる。

注
1) European Commission, *Mid-Term Review of The Common Agricultural Policy*, Communication from the Commission to the Council and the European Parliament, COM (2002) 394, Brussels, July 2002.
2) Bundesministerium für Verbraucherschutz, Ernährung und Forsten, *Meilsteine der Agrarpolitik*, Ausgabe 2005.
3) Jasper, Ulrich., "*Eine Reform, die Arbeit läßt: Zur Umsetzung der EU-Agrarreform in Deutschland*,", in "Der kritische Agrarbericht 2005", AgrarBündnis, 2005.
4) EU委員会は2007年末にはこの2003年改革の実施状況を精査したうえで，さらなる改革の方向を提示する文書「CAPのヘルスチェック（健康診断）」を発表した。08末には，EU農相理事会はそれをもとに大筋合意にこぎつけた。
「ヘルスチェック」の要点は，
① 多くの加盟国で残されていた作物生産規模に結びついていた直接支払いを完全にデカップリングさせる。
② 1984年以来の生乳クオータを2015年4月1日に廃止する。それへのソフトランディングのために，09年度から13年度の5年間，毎年1%ずつ生産割当を増やす。
③ 耕地面積の10%の減反政策を撤廃する。
④ 直接所得補償の要件として環境保護を義務づけた「クロス・コンプライアンス」を簡素化する。
⑤ 青年農業者への投資助成を5.5万ユーロから7万ユーロに引き上げるなどである。
　穀作部門での過剰生産は，フランスのパリ盆地やドイツのニーダーザクセン州，イギリスのイーストアングリアなどに成立した穀作大規模経営による生産シェアの集積・集中，他方で穀作大経営の成長に恵まれない地域での中

小畜産複合経営の穀物自給飼料化に代表される農業構造の変化と一体であった。そのことが，価格支持放棄による穀物生産抑制＝構造調整を直接支払いで補償する「デカップリング」政策への段階的転換を進めることが可能であり，「減反」を廃止しても供給が増えない生産構造をつくりあげるものであった。

ところが，同じく過剰問題を抱えながらEU全体としては多数の中小農民を排除できなかった酪農部門では，生乳価格の安定を確保するための需給管理対策（生乳生産クオータ）を継続せざるをえなかったのであるが，ここにいたってその廃止を政治日程に上せたのである。酪農部門でも大規模経営構造が支配するイギリスとデンマークの生乳生産クオータ廃止要求が，ドイツ，フランス等の妥協によるEU理事会決定となったものである。これは，生乳生産クオータ廃止にともなう生乳増産と乳価下落が中小酪農経営の離農を促進することで，生産抑制を導く形での酪農構造調整が狙いであろう。

EU委員会は，さらに2013年12月17日にCAPに関するさらなる改革を「2013年CAP改革」として決定した。その主内容は，（1）直接支払いの①加盟国間平準化，②CAPの第1の柱（市場施策）と第2の柱（農村振興政策）相互間の予算移転，③目的別支払いへの直接支払いの再編，（2）直接支払いの環境親和化（グリーニング）の取組み要件として，①永年草地の維持，②環境重点用地の設定，③作物の多様化，④有機農場と小規模農業者制度の利用者，およびグリーニングと「同等の取組み」を行う農業者の免除，等があるとされる。詳細は，平澤明彦「EU共通農業政策（CAP）の2013年改革」『農林金融』2014年9月号，35〜51ページ参照。A・ハイセンフーバー／C・ヘバウアー／K-J・ヒュルスベルゲン（村田武訳）「2013年以降のEU農業政策はどうなるか」『農業と経済』vol.75　No.2，2009年3月号，104〜110ページ参照。

5）ECにおいては，一般環境政策は単一欧州議定書を通じて，1986年になってようやくローマ条約に追加された。

環境問題は1970年代初頭になって初めて注目されるようになり，1973年末に最初の「環境行動計画」（Environmental Action Programme）が採択され，その後の計画更新によって次第に強化されて，第3次行動計画（1982〜86年）までに政策とその目標が明確になった。

6）EUの地域政策については以下を参照。井上和衛編『欧州連合［EU］の農村開発政策』筑波書房，1999年，辻悟一『EUの地域政策』世界思想社，2003年。

7）2008年11月にミュンヘン北郊の大学町フライジング（ミュンヘン工科大学がある）に本部を置く「ドイツ酪農家同盟」BDMを訪ね，T・ゼーム専務にヒヤリングを行った。

8）首都ベルリンに本部を置くドイツ農業者同盟（DBV：Deutscher Bauernverband））の若手事務局員のC・シュナイダー氏によれば，「CAPヘルスチェック」はドイツ農業全体にネガティブな影響を与えるであろうが，と

くに条件不利地域に多くの経営が立地する酪農については国際競争力が乏しく，追加的な助成がなければ存続が困難であろうということであった。しかし，EU委員会でのイギリスやデンマークの生乳クオータ制即時廃止提案に対して，ドイツ政府とドイツ農業者同盟は，クオータ制の廃止を2015年に引き延ばす猶予期間を得たので妥協した。猶予期間に毎年1％ずつクオータを引き上げることは乳価引き下げにつながるので反対したものの，これも最後には妥協している。ドイツ農業者同盟としては，「乳価の安定に全力をあげたい」という。2008年11月にベルリン本部を訪ねて行ったヒヤリングによる。

9) ロートハウプト農場については，2015年1月13日に訪問してのヒヤリング査結果である。
10) Vgl., Doluschnitz,R./R. Schwenninger, *Nebenerwerbslandwirtschaft*, Verlag Eugen Ulmer, 2003, S.65.

第3章

EU農業構造政策へのオルタナティブ

1．EU農業構造政策「マンスホルト・プラン」

　旧西ドイツやフランスを代表に西ヨーロッパ諸国では，戦後復興を遂げるとともに1950年代後半には農地所有の近代化をめざすための法整備が進んだ。旧西ドイツでは，小作法（1952年・Landpachtgesetz）と土地整備法（1953年・Flurbereinigungsgesetz）が整備された[1]。さらに，農業「近代化」基本法ともいうべき「農業法」（Landwirtschaftsgesetz vom 5.9.1955）を制定して，耕地整理と構造改善事業によって借地型自立経営を創設するという農業構造改革政策を推進する。フランスでも1960年に農業法が制定された[2]。

　これを前提に，欧州経済共同体（EEC）の成立（1958年）は，1960年代にほぼ完成をみる「農業共同市場」をして，「共通農業政策」（CAP）の域内優先原則（関税と輸入課徴金による域外との国境の事実上の閉鎖）によってアメリカ産穀物が規定する国際穀物価格との競争を遮断し，EEC加盟国農業の穀物と生乳が代表する基幹作物全体の収益性バランスを考慮した需給管理・価格政策を展開させ，農業生産力の上昇に道を開いたのである。

　しかし，それはまもなく，酪農部門を先頭に穀作部門にまで広く過剰生産問題を引き起こすことになった。それへの対応がEEC委員会の「マンスホルト・プラン」（68年12月発表）だったのである[3]。

　「マンスホルト・プラン」は1971年には「1980年農業プログラム」として「EC共通農業構造政策」の実施に入る。1980年までの10年間の計画期間において，

過剰問題の激化と農業財政膨張に対処するために，緊急ないし中期施策として，①バターや砂糖など過剰品目の支持価格引下げ，乳牛処分（5年間に約300万頭）などを行うとした。そして，これに加えて，80年を目標とする長期施策として，②農用地面積の500万ha削減，離農促進による農業就業人口500万人縮小と，農業経営規模の拡大をめざすものとなった。育成目標としての農業経営は，「効率的に管理された企業」としての「生産単位」（Unite de Production）ないし「近代的農業経営体」（Entreprise agricole modernes）であって，穀作では少なくとも80～120ha，畜産では飼育頭数が酪農40～60頭，肉牛150～200頭，養豚450～600頭，採卵鶏1万羽の規模で，ブロイラー養鶏では年間10万羽出荷を標準とするものであった。

この「マンスホルト・プラン」への西ドイツ政府の対応は，1969年の総選挙で成立したヴィリー・ブラントを首相とするドイツ社会民主党・自由民主党（SPD/FDP）連立政権によるものであった。エルトル連邦食料農林大臣のもとでの「農林業戸別経営振興助成計画及び社会的補完計画」は「エルトル・プラン」と呼ばれ，経営振興施策の効率化と選別政策を徹底化し，中小農民の離農促進を明確に打ち出すものであった。すなわち，西ドイツ連邦政府は「マンスホルト・プラン」構造政策の推進でEEC委員会と足並みをそろえたのである。

「マンスホルト・プラン」のめざす農業構造改革は，それが目標とした1980年はともかくとしても，90年代に至って穀作農業条件に恵まれた平坦地域，すなわち目標の達成が可能とみられるいわば「構造政策圏内」[4]で，たとえば，フランスではパリ盆地，西ドイツではニーダーザクセン州など北部平坦地，イタリアではロンバルディア平原，イギリスではイーストアングリアなどで，「効率的に管理された企業」基準の大規模穀作経営を，地域農業の主幹経営として成立させるにいたった。しかし，EC域内諸国にはいわば「構造政策圏外」ともいうべき農業条件に恵まれない地域が広く分布している。たとえばイギリスやフランスにみられる肉牛・羊放牧の粗放的丘陵地農業とともに，ここでとりあげる南ドイツは，中小零細経営が支配的な農山

村地域を広く抱え，EU構造政策の強行が農家経営を困難にし，それが過疎化問題を発生させる危険性が高いという危機感から，州独自の農山村振興計画の策定や農村環境政策にもとづく直接支払いでの農家助成の先頭に立つことになった。

以下ではバーデン・ヴュルテンベルク州の「シュヴァルツバルト計画」から「粗放化・農業環境景観保全給付金」制度（MEKA）への展開と，バイエルン州のいわゆる「バイエルンの道」をとりあげる。

2. バーデン・ヴュルテンベルク州

(1)「アルプ計画」から「シュヴァルツバルト計画」へ

バーデン・ヴュルテンベルク州では，1949年以来一貫して州政府を握ってきた保守のキリスト教民主同盟が，1971年に同州中部のシュヴェービシュ・アルプ地域を対象にした経済・雇用・農業分野の諸政策を「アルプ計画」に統合したことが画期となっている。74年には，この「アルプ計画」構想が拡充されて，同州西南部のシュヴァルツバルト（黒森）地域を対象に「シュヴァルツバルト計画」となった。

「シュヴァルツバルト計画」の掲げる基本課題は，以下のようにきわめて総合的な地域計画であった[5]。

①専業的農業経営の保全：専業的経営のネットワークの形成による農業と景観の保全を推進する。

②兼業的農業経営の保全：兼業農家らしい農業経営組織に適応させ，農村定住のための居住条件の改善を推進する。

③建築助成による農業経営の近代化：地域の景観にとって重要な伝統的家屋の保全に配慮しつつ，農林業経営の維持に必要な住宅改善を行なう。

④地域内，また広域経営間協力：できるかぎり効率的な経営組織を実現するために，地域内，地域間経営間協力を促進する。とくに耕種経営地帯の経営と家畜や飼料の購入・販売契約を推進する。

⑤農業経営・林業経営の機械化：マシーネンリンク，機械共同利用組合，作業請負会社などによる農林業経営間協力を促進して機械化を進める。

⑥農産物・木材市場構造の改善：農林産物の加工販売条件の改善を促進する。

⑦土地基盤整備：土地基盤整備の促進による農業経営条件の改善と自然環境・景観の保全を一体的に進める。

⑧経営単位の合理化：土地所有者の土地賃貸借組合や協業組織の促進，林業経営の統合などによる合理的経営の創設を促進する。

⑨道路建設：農道・林道の建設を促進する。

⑩放牧地管理：持続的な土地利用ができるように適切な放牧地管理を進める。

⑪植生管理：土壌侵食防止，局地的気象への対応，水源保全のための保護植物の涵養を促進する。

⑫植林：地形や生態系，さらに経済的条件を考慮して景観改善のために非農業用地の植林を促進する。

⑬低収益林地の転換：収益性の低い林地は，自然環境保全や休養地としての機能に配慮しつつ他目的に転換する。

⑭適切な畜種による粗放的土地利用：土地利用の維持のための粗放的畜産を進める。

⑮経営補助金：農業・景観計画に指定された農地の管理や景観長期保全のための経営補助金や補償による財政特別援助を導入する。地形的理由で保護が必要な林地についても同様とする。市町村またはそれより広域の自然保護官庁による給付とする。給付額は農用地1ha当たり120〜160マルクである。緊急性のとくに高い市町村での経営補助金については一部を州財政から給付する。

⑯特定の土地管理：自然保護，景観涵養などのために確保すべき土地であって，その所有者に利用意志のないものについては所有者の同意のもとに市町村ないし連邦（国）が試験研究用地として利用することも含めて

管理すべきである。
⑰土地買上げ：経営展開が可能になる規模拡大のために，売却される農地の州土地協会（有限会社）などによる先買いを促進する。
⑱自然保護目的での土地取得：自然保護のために必要な土地の州その他機関による購入を促進する。
⑲水利経済：河川・湖沼の景観にふさわしい保全を進める。
⑳生活環境整備：分散居住農家や休養・観光施設に対する水供給，下水道整備，ごみ処理を進める。
㉑観光地整備：観光地の魅力と競争力を高めるために，観光地開発計画にもとづくホテル・レストランなどの助成を進める。
㉒休暇・保養施設：休暇・保養施設の整備を進める。
㉓農家民宿：農家民宿を推進して農家所得の改善を行なう。
㉔定住促進：定住促進のための社会施設を充実する。休暇施設の建設のための農地転用については州・市町村計画にもとづいて河川・湖沼や景観保全に十分な注意を払う。
㉕農外就業機会：経済条件に恵まれない地域では，商工業・サービス業で条件の良い就業機会を十分に用意する。また既存の農外就業場面の安定と改善を図る。

「シュヴァルツバルト計画」の要点は，(1) 農業政策は農業経営の規模拡大よりもむしろ経営間協力や農林産物の販売条件の改善などによる農業経営条件の改善を主眼にし，(2) 農林業経営の維持のための住宅改善，兼業農家の農村定住のための道路や上下水道など居住条件の改善と整備，(3) 自然保護・景観涵養のための土地・河川・湖沼の管理，(4) 観光・保養施設の整備促進，さらに (5) 農外就業機会の創出など，これらを「農村地域対策」として統合したところにある。そして，この計画の大きな特徴は，「計画」に沿った行政指示に従う農地管理や景観保全に対しては「経営補助金」を給付すること，しかもそれを農地面積当たりで給付する方式を採用したところに

ある。支給される経営補助金は,農地1ha当たり120～160マルク(当時の為替レートで1.5～2万円)であった。これは,EUの条件不利地域対策の条件不利地と一般地域との生産性格差を補てんする面積当たり「平衡給付金」支給制度の創設に先行するものであった。

(2) MEKA給付金制度

この経営補助金は1991年には「シュヴァルツバルト計画」地域にとどまらず,バーデン・ヴュルテンベルク全州を対象にした「緑地計画」による草地助成となり,さらに92年にはEU委員会の承認を得て,「粗放化・農業環境景観保全給付金」制度(Marktentlastungs- und Kulturlandschaftsausgleich)に拡大された。州政府が50%,EUが50%の財政負担で,耕地の粗放化による作物の生産販売抑制と牧草地保全によって農業環境の維持を図るものであった。MEKAと略称され,この州の農政の「核心」(Herzstück)だとされることになる。

MEKA給付金は以下の基準で支給された(年間1ha当たりマルク)。

〈草地〉

傾斜度25%未満	70～100マルク
傾斜度25～50%	100マルク
傾斜度50%以上	180マルク
年1回採草	40マルク
年2回採草	20マルク
散在果樹草地保全	200マルク

(散在果樹草地とは,この州の美しい農村景観を特徴づけるものであって,リンゴに代表される果樹が散在するゆるやかな傾斜のかかった草地)

〈耕地〉

| 経営全体で無農薬・無化学肥料 | 160マルク |
| 小麦栽培で成長調整剤非使用 | 200マルク |

ライ麦栽培で成長調整剤非使用	120マルク
除草剤非使用	100マルク
播種幅の17cm以上への拡大	120マルク
耕地・永年作物農地の草地化	140マルク
不耕起播種	120マルク

但し，給付金には，草地・耕地とも1ha当たりで550マルク，1経営当たりで4万マルクという上限が設定された。

MEKA給付金制度は，2000年から06年にはMEKAⅡとして，さらに07年から13年についてはMEKAⅢとして継続されている[6]。

そして，諸課題が7つの「措置」(Maßnahme)に分類され，給付金額はさらに細分類されて農地面積1ha当たり点数（1点＝10ユーロ）による支払い方式に整備された[7]。

7つの「措置」を列挙すると，A：環境に配慮した経営管理（01年の支払い対象面積35.4万ha），B：農耕景観の維持と涵養（同46.6万ha），C：景観を涵養する土地利用や地域特産畜種の保全（同2.9万ha，2万頭），D：化学肥料や農薬の非使用（同10.9万ha），E：粗放的かつ環境保護的な植物生産（同44.3万ha），F：作物保護での生物学的技術の利用（同3万ha），G：特別に保護された生活空間の保全（同1万ha）である。

MEKAは今やきわめて包括的な，いわば緑の農村環境保全を前面に打ち出した農村づくりのための助成金制度になっている。給付対象面積（措置AからGまでの支給対象面積は合計で141.1万ha。ただし重複受給面積がある）は109.8万ha（州内農地総面積143万haの3分の2）に及ぶことになった。給付金の支給額は，農業経営当たりで下限が250ユーロ，上限が4万ユーロである。共同経営については上限が16万ユーロであって，共同経営参加者1人当たり4万ユーロを超えてはならないとされている。支給対象となっている経営は5万1,000経営を数え，州内総農業経営5万7,049経営（2007年）の89.4％に達する。

3. バイエルン州の「バイエルンの道」

　「マンスホルト・プラン」とそれに追随する西ドイツ連邦政府の動きに強く反発したのが，H・アイゼンマン農相を先頭とするバイエルン州食料農林省であった。「マンスホルトの道」ではなく，「バイエルンの道」を提起したのである。

　バイエルン州をして，「農業経営者に成長か撤退かを迫り，大経営にだけ存在意義を認める」マンスホルト・プランへの独自の対抗策を立てさせることになったのは，次章でみる「マシーネンリンク」に代表される農業経営間協力をめざす運動が1960年代には本格化していたことがある。

　「バイエルンの道」は，「マンスホルト・プラン」戦略は「ソフトな農業構造調整」すなわち撤退政策（Agrarpolitik der Gesundschrumpfung）であり，少数の規模拡大をめざす経営だけが生き残れるような政策であって，それではバイエルン州の直面している問題の解決どころか，荒廃と過疎化をより深刻化させることになるという危機感を基礎にしたものであった。そして，減少する専業経営だけを対象にする農業政策は見通しがなく，もっと長期的かつ明確な社会政策的視点をもつべきであって，欧州の農業政策は重大な岐路に立っているとする。そして，バイエルン州では，「マンスホルト・プラン」のめざすような「特定の経営形態を理想像とする農政理念」[8]にもとづく大規模な「近代的農業経営体」の形成はほとんどの地域で困難である。「近代的農業経営体」以外の農家に農業をあきらめさせ，農地を規模拡大農家のために提供すべきであるという道は，大規模な耕作放棄と過疎化につながり，農村と自然環境の荒廃を助長する道であるというのである。

　バイエルン州のめざすべきは，「農家は農業による収入だけでなく，農外収入を合理的に確保することによっても，総体としての所得の増加を図ることができる」ことを考え方の基本とし，すべての農家に対して，すなわち主業（専業的）経営の経営育成だけでなく，農村地域に農業以外の就業機会を

創出して，兼業農家にも適切な居場所を提供し，農家の農地所有を維持することで，農業環境・景観の維持に貢献する農家を確保して社会的安定を得ようというものであった。

この「バイエルンの道」を法制化したのが，「バイエルン州農業振興法」（1974年8月8日）であった[9]。

その冒頭に，法の目的が①バイエルン州の農林業経営が専業経営（Haupterwerbsbetrieb），兼業経営（わが国の第1種兼業に当たるZuerwerbsbetrieb）・副業経営（同じく第2種兼業に当たるNebenerwerbsbetrieb）のいずれの形態にあってもその社会的存在が保証されるべきこと，②高品質の農林産物の生産および州民への健全かつ有効な食料供給が促進されること，③農村地域が農業景観として維持されるべきこととされた。

法に盛り込まれた重点課題は，以下のとおりであった。

第1に，農業景観（Kulturlandschaft）を農民の労働で維持する。

第2に，農林業者の農林業教育・再教育とともに，第2種兼業農民の専門職業教育を強化する。

第3に，生産者の自助組織（Selbsthilfeeinrichtung）の結成を支援する。

①農産物の品質改善（食肉や生乳の生産管理，種苗管理，野菜果実の品質管理），②経営間協力（マシーネンリンク）の促進，③農民家族の経営・家政ヘルパーや搾乳ヘルパーなどによる支援。

第4に，農家の生産した農産物の国内販売・輸出を促進する。

かくして，「バイエルンの道」を推進する助成策は，(1) EC委員会がイギリス（1973年EC加盟）の丘陵地農業助成策を1975年に加盟国全体に広げた条件不利地域対策の州内での積極的な認定，(2) 環境にやさしい農業と農村環境保全をめざす「バイエルン州農業環境景観保全プログラム」(Bayerisches Kulturlandschaftsprogramm, KULAP）の実施，(3) 農業者の自助組織「マシーネンリンク」の組織化のバックアップなどとして具体化される。

「バイエルン州農業環境景観保全プログラム」は，バーデン・ヴュルテン

ベルク州のMEKA給付金制度と並んで，ドイツ地方政府独自の農業環境景観保全給付金制度を代表する。バイエルン州の農地のほぼ50％の160万haが，この給付金制度の支払い対象になっている。その助成対象は，①経営全体を対象とするのは有機農業助成，②草地の耕起禁止・農薬散布禁止，牧草刈取回数制限など粗放的利用助成，③耕地の粗放的利用と単作化防止，土壌浸食防止，草地転換などの助成，④液肥散布の点滴施用・制限，高原・山上放牧地（Almen und Alpen）牧羊，散在果樹草地，傾斜地ブドウ園，湖沼適正管理など，有機農業や粗放的農業の推進に加えて農業景観保全のための助成が加えられて幅広いものになっている。その助成額はバーデン・ヴュルテンベルク州のMEKA給付金制度とほぼ同水準である。

ところで，「バイエルンの道」の理念，すなわち専業農家だけでなく兼業農家にも社会的存在を認めるという理念を現実的なものにするには，農業生産規模が小規模であるにもかかわらず農業機械装備が不可避であるために，農業生産経費が膨張する一方で，能力一杯の機械利用が困難であり，さらに家族労働力の合理的投下が不十分といった家族農業経営がもつ構造的欠陥を克服する必要があった。そしてそれには農業経営間協力の組織化が有効であることを明らかにしたのが1958年にバイエルン州で始まった「マシーネンリンク」（Maschinenring）と呼ばれる機械サークル，すなわち機械利用の経営間仲介相互援助組織であった。

章を改めて，バイエルン州のマシーネンリンクの実態に迫りたい。

注
1）旧西ドイツの小作法に関しては，崎山耕作「西ドイツにおける小作関係の展開」大阪市立大学『経済学雑誌』第54巻第6号がある。土地整備法に関しては，田山輝明『西ドイツ農地整備法制の研究』成文堂，1988年がある。なお，拙著『戦後ドイツとEUの農業政策』（筑波書房，2006年）第4章「農業法と農業『近代化』政策」でも小作法と土地整備法にもとづく農業近代化事業を検討している。
2）戦後西ドイツにおける経済復興と高度経済成長は国民経済構造における不均等発展（工業労働者をはじめ都市勤労者の賃金所得水準と農村の農家所得の

低位に反映）を生み，農民運動側からの所得均衡要求が高まったなかで，農業基本法は農工間所得均衡実現のために農業構造の改善を政策の中心に据えた。中農層（10〜50ha層，中心的には20〜50ha層）の育成とその自立経営化をめざすものであった。それは全農業経営（農業センサスでは0.5ha以上経営197.8万経営）のうちの10ha以下層70％強の中小零細農家の離農促進を前提にするものであった。H・ケッター（秦玄龍訳）『西ドイツの農村の変貌』法政大学出版局，1960年，206ページ参照。

ケッターは下のような「農村経営の分布に関する概括表（1956年）」（同訳書128ページ）を示している。

		戸数 1,000戸	比率%	面積 1,000ha	比率%
賃労働雇用経営	大地主経営	8	0.4	737	5.5
	大農経営	56	2.8	2,453	18.2
	計	64	3.2	3,190	23.7
家族経営	主に単身雇用労働者による経営	103	5.2	2,474	18.4
	純家族労働経営	280	14.2	3,651	27.2
	部分的に農業による農家				
	a）完全自給	259	12.6	1,500	11.1
	b）限界経営	447	22.6	1,298	9.7
	計	1,080	54.6	8,923	66.4
兼業的農業経営	2 ha以上経営	183	9.3	688	5.1
	2 ha以下経営	651	32.9	657	4.1
	計	834	42.2	1,345	9.9
全経営	合計	1,978	100	13,458	100

ちなみに賃労働雇用経営のうちの大地主経営8,000戸の平均経営規模は92.1ha，大農経営5.6万経営のそれは43.8haである。家族経営とされる経営のうち，「主として独身労働力をもってする経営」10.3万経営とは1〜2人の単身の労働者を雇用している経営であって，その平均規模は24.0ha，「純家族労働経営」28万経営のそれは13.0haである。「部分的に農業による農家」（完全自給経営25万経営（平均6.0ha）と限界経営44.7万経営（平均0.7ha））と兼業的農業経営（合計83.4万経営，うち2 ha以上経営は平均3.8ha，2 ha以下経営は平均1.0ha）の区別はさだかではない。

3）原田純孝は，マンスホルト・プランを「経済合理性最優先の思想，ないしは"産業としての農業"の生産性と競争力向上を最重要視する発想」と的確な特徴づけをおこなった。原田純孝「EC農政の転換と農業社会構造政策の展開―農業の多面的価値づけと新しい政策論理の形成を中心にして―（1）」東京大学社会科学研究所『社会科学研究』第43巻第6号，1992年，9ページ。

4）野田公夫は「世界農業類型と日本農業」と題する論文において，「現代農業革

命（構造政策）視点からみた世界農業類型」論を展開し，ヨーロッパを「構造政策達成地域＝西欧旧開地型農業」とし，アジア地域型農業＝構造政策不能地域とした。しかしそのヨーロッパにおいても構造政策が可能ないわば「構造政策圏内」とそれが困難な「構造政策圏外」があるというのがここでの主張である。ちなみに野田は，同論文で構造政策（structural policy）を次のように定義している。「構造政策とは，多数の零細経営を淘汰し一部の大規模経営に置き換えること，創出された少数の経営体に政策的支援を集中し，こうして形成された企業的経営体に産業としての農業をゆだねる（＝農業構造を改革する）ことを目的にした政策である。」としている。オルタートレードジャパン編『季刊［あっと］at』6号，太田出版，2006年12月。

5）この「シュヴァルツバルト計画」については，拙著『世界貿易と農業政策』ミネルヴァ書房，1996年の第5章「EUの農村地域政策」でも紹介している。Ministerium für Ernährung und Umwelt Baden-Württemberg, *Schwarzwaldprogramm*, 1973.

6）MEKA IIの粗放化・農業景観に関する諸課題と給付金基準と支払い対象面積は以下のとおりである。

措置A：環境に配慮した経営管理　N-A1〔環境にやさしい液肥撒布・3点〕（8.4万ha），N-A2〔4作物輪作・2点〕（27.0万ha）

措置B：農耕景観の維持と涵養（46.6万ha）N-B1〔草地の粗放管理・5点〕，N-B2〔永年草地の粗放管理：主飼料面積1ha当たり大家畜1.4頭以下・9点〕，N-B3〔急傾斜草地の維持・12点〕，N-B4〔草種類の豊富な草地の維持・5点〕

措置C：景観を涵養する土地利用や地域特産畜種の保全（2.9万ha，2万頭），N-C1〔散在果樹草地の維持・1/4点〕，N-C2〔急傾斜ブドウ園の維持・35点〕，N-C3〔地域特産畜種の保全・フォアデルバルト牛の母牛1頭・7点〕〔ヒンターバルト牛及びリンプルグ牛，赤牛，シュヴァルツバルト狐，古ヴュルテンベルク馬の母親1頭・12点〕，N-C4〔地域性豊かな放牧地・14点〕

措置D：化学肥料や農薬の非使用（10.9万ha），N-D1〔化学肥料・農薬の完全非使用・8点〕，N-D2〔耕地・草地農業の場合・15点〕〔園芸の場合・50点〕〔果樹作の場合・60点〕

〔追加：認証されている場合・4点（経営当たり上限40点）〕

措置E：粗放的かつ環境保護的な植物生産，N-E1〔ライ麦・小麦成長調整剤非使用・5点〕（13.1万ha），N-E2.1〔農耕・園芸作でのカラシナなどによる土壌被覆・9点〕（18.4万ha），N-E2.2〔果樹園・ブドウ園のカラシナやアブラナによる土壌被覆・9点〕，N-E3〔休閑地のゼナオイ，キンセンカ，カラシナなど花をつける植物播種・13点〕，N-E4〔マルチないし不耕起栽培・7点〕（12.8万ha），N-E5.1〔耕地除草剤非使用・7点〕，N-E5.2〔樹

園地スプリンクラー灌水除草剤非使用・4点〕
措置F：作物保護での生物学的技術の利用（3万ha），N-F1〔トウモロコシ栽培でのヒメ蜂利用・6点〕，N-F2〔温室園芸でのヒメ蜂やテントウムシ等の利用・250点〕，N-F3〔果樹作でのシンクイガなどの生殖攪乱・10点〕，N-F4〔ブドウ作でのホルモン剤による害虫生殖攪乱・10点〕
措置G：特別に保護された生活空間の保全（1万ha），N-G1.1〔価値のある生活空間の粗放的利用：ビオトープ・14点〕，N-G1.2〔採草地の帯状刈残し・5点〕，N-G2.1〔平坦地・山地採草地のうち特別指定地の粗放的利用・14点〕，N-G2.2〔平坦地・山地採草地のうち特別指定地の帯状刈残し・5点〕
出所：Ministerium für Ernährung-und Ländlichen Raum Baden-Württemberg, *MEKA III, 2009*

7）MEKA Ⅱについては以下の紹介がある。横川洋「EU（ドイツとオーストリア）の農業環境政策の実施状況」農水省『主要国の農業情報調査分析報告書（平成17年度）』2006年，45～66ページ。
8）『のびゆく農業374・バイエルンの道―現代の農業政策―』（中村光弘訳）2006年，12ページ。
　なお，バイエルン州憲法でも，第4部「経済と労働」の第153条で農業，手工業，商業，製造業のいずれでも中小経営（Kleinbetrieb und Mittelstandsbetrieb）は，法制上の支援を受け，過剰債務や吸収合併から保護されるとしており，その経営の自由と自立，成長が協同組合的自助によって確保され，州によって支援されるとしており，さらに第156条「カルテル，コンツェルンおよび価格協定」で，広範な州住民を搾取するか，自立した中産階級の生存を否定することを目的にしたカルテル，コンツェルンおよび価格協定を禁止している。Beck'sche Textausgaben, *Verfassung des Freistaates Bayern*, Verlag C.H.Beck, München, 2011.
9）Bayerisches Staatsministerium für Ernährung, Landwirtschaft und Forsten, *Gesetz zur Förderung der bayerischen Landwirtschaft（LwFoG），Vom 8. August 1974*. 1998.

第4章

バイエルン州のマシーネンリンク

1. 現代のマシーネンリンク

　マシーネンリンク（以下ではMRと略すことがある）は，E・ガイアースベルガーの発案と指導のもとで，機械作業斡旋を行う農村自助組織として出発した[1]。機械装備や労働力が不足する経営とそれが超過する経営を結びつける組織であって，機械作業供給者は機械所有にともなう大きなコストを削減できる。他方で，需要者は経営に必要な一貫機械装備の所有が不要で固定費用を削減できるというものである。とくに戦後の農業生産力の上昇は農業機械化，したがって機械投資額の膨張，生産費に占める機械・施設費の割合の上昇をともなうものであった。共同経営に進むのではなく機械作業の斡旋という農家にとっては抵抗感のそれほどない協同であったことが，マシーネンリンク運動をして急速に南ドイツで，またその南ドイツに隣接し農業構造がさらに中小零細経営型であったオーストリアで大きな支持を得ることになったのである。

　マシーネンリンクの基本的システムは以下のように説明された。

　すなわち，大型機械の運搬・移動にロスの少ないエリアで相当数の参加農家と整備された圃場があって，有能な専任マネジャーを配置し，適正な作業料金を設定できるマシーネンリンクが組織されれば，経営規模の拡大が装備したトラクターやコンバインなど大型機械の完全利用には追いついていない専業経営には，機械を装備していない農家の農地での作業受託によって完全

利用が可能となる。専業農家との規模格差の小さい兼業農家（第1種兼業農家）も装備した機械の余力と自家農業では余力のある労働力をもっており，それを専業農家や副業農家（第2種兼業農家）での作業受託に活用することで兼業所得をあげることができる。副業農家は農作業の大半を機械所有経営に委託することで農地所有を維持できる。

　1950年代半ばから60年代にかけてのドイツにおける農業問題は複雑であった。敗戦後，アメリカ，イギリス，フランス，ソ連邦4カ国による分割占領となったドイツが，1949年にドイツ連邦共和国（西ドイツ）とドイツ民主共和国（東ドイツ）の分裂国家として独立したからである。東ドイツで旧農民層（戦前からの農民経営）の抵抗を受けながら強行された「社会主義的農業集団化」による農民の農業生産協同組合（LPG）への統合が，西ドイツでは「共同化」や「協同組合」への敵視を広げることになった。それは1955年のドイツ農業法にも反映しており，自立経営育成は協業や共同経営をまったく欠如したものとして展望された。この点で，協業・共同経営をも育成目標に掲げたフランス農業基本法（1960年）とは大きく異なっている。ちなみに，わが国の1961年農業基本法は，この点ではフランス農業法を継承している。このような事情を考慮すれば，とりわけ保守的でその頑固さで名をはせるバイエルン州農民を啓蒙するE・ガイアースベルガーの機械作業斡旋マシーネンリンクの提案のもった政治的意味をより的確に理解できる。

　バイエルン州政府は，このMRを「バイエルンの道」を支えるものとして，当初は専任マネジャーの人件費の80％と管理費の30％を助成した。

　MRは2008年のデータでは全国に256組織を数え，会員数では19万3,300経営（総農家32万7600経営の59％）が組織されている。農用地では762.9万haと全農用地の45％に達する。組織数では，バイエルン州75，バーデン・ヴュルテンベルク州30，ヘッセン州51と，南ドイツ3州で156組織，全国の60.9％を占める。これら基礎組織の連合会としてドイツ全12州に州連合会があり，さらに全国連合会とバイエルン州連合会がミュンヘン北郊の小さな町ノイブルク（Neuburg/Donau）にある。以下では，バイエルン州のMRをみる[2]。

バイエルン州については，2011年のデータが得られた。72MRに会員9万7,214人（全国会員の半数を数える）で，州内の82.6％の経営が組織されている。農用地でも277.7万ha（州内農用地総面積86％）と組織率で際だっている。会員数は1973年の3万7,735人（総農家の21.0％）が92年には10万を超え，2000年に10万3,224人を記録したが，その後は州内農家の減少によってMR会員数も9万人台に減っている。

72MRの総事業高は11年には3億4,270万ユーロになっている。1MR当たりでは476万ユーロ，農用地1ha当たりでは123ユーロになる。

MRの正規雇用従業員は72MRで2,191人，1MR当たりで30.4人である。州政府からの助成金は72MR全体に対して合計300万ユーロ（総事業高の1.0％）にとどまる[3]。

事業内容は，①MR本来事業としての機械作業斡旋に加えて，②農繁期や疾病・事故などの緊急時におけるヘルパー事業として経営支援・家政支援（Soziale Betriebshilfe）事業，③子会社を組織しての副業営業活動に広がっている。機械作業斡旋は総事業高の52.9％，経営・家政ヘルパー事業が9.5％に対し，子会社事業高が37.6％を占めるようになった。このこともあって，現在ではMRは，「機械・経営支援リンク」（Maschinen-und Betriebshilfsring）を名乗っている。いずれも登録組合であって，通常は郡単位に組織され，それ自体は機械を保有していない。専任マネジャー1名に加えて，MRの規模で異なるが2～3名の専従職員がいる。

機械作業斡旋と経営・家政支援の実際は，以下のようである。

第1に，MRに仲介される機械には，以下の3種類がある。

A：個々の農家所有機械

B：作業請負会社（Lohnunternehmen）の機械

C：農家グループ（機械共同利用組合）の共同所有機械
　　（バイエルン州のMR平均では参加農家20％弱が機械共同利用組合
　　Maschinengemeinschaftを組織している）

AとBの場合は，機械オペレーターはほとんどが機械所有者か，機械所有

会社の被雇用者であるが、たまにはオペレーターなしで貸与されることもある。Cの場合は、通常、高額利用賃を要求する専門機械や大型機械に適している。2交代での運転が基本とされるので、2ないし3人の専門技術オペレーターが1台の機械に必要である。耕耘作業用のトラクターはオペレーターなしで貸与されることがある。作業種類では、飼料栽培・ワラ収穫、穀物収穫、トラクターによる運搬作業、施肥・播種、根菜収穫、景観保全、林業作業など多彩である。機械作業斡旋額（1ha当たり）は、1971年の39.5マルク水準から98年には224マルクにまでになった。

第2に、MRに仲介される労働力は、①会員農家の子弟、②会員本人で自己経営では労働力に余裕があるか副業を必要とする場合である。

会員の50～60％が需要者としてMRを利用し、30～40％は需要者であり供給者であるとされている。また、MRを通じるサービスの供給の大半は10％以下の会員によるものだという。

以下では、ひとつはバイエルン州南部オーバーバイエルンの全国屈指の酪農地帯にあって、その事業展開で模範的とされる「アイプリンク-ミースバッハ-ミュンヘン・マシーネンリンク」、いまひとつはバイエルン州最北端にあって穀作中心のウンターフランケンの「レーン・グラプフェルト・マシーネンリンク」をみる。前者はマシーネンリンクの事業それ自体を中心に、後者はマシーネンリンクを利用する農業経営の機械保有と作業受委託の実際を中心に検証する。

2．「アイプリンク-ミースバッハ-ミュンヘン・マシーネンリンク」

(1) 広域のマシーネンリンクに成長

「アイプリンク-ミースバッハ-ミュンヘン・マシーネンリンク」(Maschinen u. Betriebshilfsring Aibling-Miesbach-München e.V.、以下では「アイプリンクMR」ないし単にMRとする）は、本部をバイエルン州都ミュンヘンの南郊25km程のローゼンハイム郡フェルトキルヘン・ヴェスターハムに置い

第4章　バイエルン州のマシーネンリンク　81

図4-1　バイエルン州の7行政管区と「アイプリンクMR」「レーンMR」の事業エリア

ている。

　E・ガイヤアースベルガーのアイデアを学んだ農家5戸が1963年にフェルトキルヘンで設立したマシーネンリンクを母体にしている。この時期には，数戸の農家とライファイゼン協同組合（当時は穀物等の農産物の集荷業務を行っていた）の協力で村落単位でマシーネンリンクが組織された。1970年代前半は中小マシーネンリンクの第1次合併，そして2000年前後の第2次合併を経てほぼ現在の規模や事業エリアになった（**図4-1**）。以下にみるように，その事業規模の拡大や公共事業部門への参加，積極的なバイオマス・エネルギー部門への参入などで州内のマシーネンリンクのモデル的な存在だとされている。次節で紹介するバイエルン州最北端の「レーン・グラプフェルト・

マシーネンリンク」のK・エルツェンベック専務理事に言わせれば，「アイプリンクMRは特別優秀な存在だ」ということであった。

アイプリンクMRの現在の事業エリアは3郡にまたがっている。本部のあるローゼンハイム郡の一部（旧バート・アイブリンク郡），ミースバッハ郡の全域，それにミュンヘン都市圏の放射状に区分にされた一部である。本部にはマネジャーを含めて4名の専従職員がいる。

MRの運営予算は，人件費・事務所維持費合計25万ユーロを，①会員会費12万ユーロ，②作業等仲介手数料5万ユーロ，③州連合会（州政府）からの助成金5万ユーロ，その他収入でまかなわれている。

参加農家は1,688戸（2009年12月末現在）を数える。隣接するマシーネンリンクとの事業エリアの重複はないが，農家は会費を払いさえすれば複数のマシーネンリンクへの重複参加が認められている。北部の平坦地では95％を超える大多数の農家が参加している。南部（ミースバッハ郡の南半分）の中山間地域（最南部はオーストリアのチロル地方と国境を接するバイエルン・アルプス）では，参加率は40～60％にとどまる村落が多く，未参加の農家の新参加が期待できるので，参加者数は傾向的には依然として上向きである。この地域は，南部のプレアルプス（アルプス山脈東北部の山地）から北のミュンヘンに向けての丘陵そして平坦地であるが，ほぼ全域が草地農業地域であって酪農経営が支配的である。参加農家の6割，1,000戸余りは北部の農家である。ミュンヘン都市圏と旧バート・アイブリンク郡では，搾乳牛30～40頭以上の，最大規模100頭の主業経営が存在する。草地約20haでの牧草栽培とそれより少ない耕地でのトウモロコシ（自給飼料用のサイレージ用が中心），小麦，ナタネ栽培が典型的な経営構造である。草地はプレアルプス地域で典型的であるが，一般牧草70％・クローバ10％・ハーブ類20％が一般的であり，降水量に恵まれているので年間4～6回もの刈取りが可能である。それだけに草地としては高地代地域であって，平均300ユーロ/haである（草地借地率は30％に達する）。草地需要の高い地域では400ユーロ/ha台になる。

ミースバッハ郡，とくにその南部では小零細経営が多い。オーストリア・

チロルにつながる観光資源を生かしたグリーン・ツーリズムや林業経営など農外就業機会に恵まれている。林業は建材用ドイツトウヒやバイオマス利用ないし薪用ブナなどのせいぜい10～15ha規模である。この南部地域はEUの条件不利地域対策の「平衡給付金」の支払対象地域であり，バイエルン州の農村環境政策（KULAP）の主たる実施対象地域でもある。

アイプリンクMRへの参加資格は，入会金の17.90ユーロに加えて年会費（基本40ユーロ＋農地面積割1.5ユーロ/ha）の納入によって与えられる。年会費の平均は60～80ユーロであって，参加農家の多数は経営面積が10～30haを中心とする中小経営である。

(2)「MRクラシック部門」

MRの事業は，現在では参加農家間の農業機械利用斡旋業務に加えて，経営・家政などのヘルパー事業が大きくなっている。また，機械利用も個々の参加農家の機械の利用仲介にとどまらず，数戸の農家の大型機械共同所有・共同利用を積極的に奨励している。ただし，これらはいわばMR設立以来の本来業務の拡大であるところから，「MRクラシック部門」とされている。

1990年代半ば以降に，これらの事業とは別に，①自治体からの道路・公園・緑地など公共施設の清掃管理の受託業務や，②林地所有農家の林地有効利用のために，木材チップ利用のバイオマス熱エネルギー事業を積極化している。これらの新しい事業部門は，MR本体とは別に会社を興す方法で取り組まれている。というのは，中小農家支援としてバイエルン州はMRの運営を財政的にバックアップしてきたのであって，これらの新業務を助成対象から明確に外すことが州民の理解を得るうえで必要となったのである。

アイプリンクMRの公共施設清掃管理業務受託は「コンミューン協力有限会社」（Pro Communo AG）が行っている。1990年代半ばに設立されたこの会社には9名が雇用されている。この有限会社の出資者はMR参加農家に限定されており，出資は1株50ユーロで，最大出資株数が40株，2,000ユーロに制限されている。出資に上限が設定されているのは配当が5％と有利だか

らである。500名ほどの出資者を数える。

さて，アイプリンクMRの事業高は2009年では663万ユーロに達し，これは前年より7％アップであった。この事業高規模は，バイエルン州内の75MRのなかでは上位3分の1のなかにある。参加農家の農用地面積1ha単位では177ユーロである。1,688参加農家のうち，もっぱら作業を委託するだけの農家は506戸（30.0％）であり，もっぱら作業受託だけの農家は115戸（6.8％）であった。687戸（40.7％）は，作業を委託するとともに受託もしている。380戸（22.5％）は作業受委託のいずれもなかった。

表4-1は，バイエルン州農業局の「農業簿記調査結果」から，バイエルン州南部（オーバーバイエルン・ニーダーバイエルン）の酪農経営の経営実態をみたものである。雇用労働とMRに関わる収入は，平均で農用地1ha当たりでは10～30ha層では100ユーロ，経営当たりでは100×農用地規模22.51ha＝2,251ユーロになる。30～60ha層では同じく56ユーロ，56×41.11ha＝2,302ユーロ，60～150ha層では同じく45ユーロ，45×76.15ha＝3,427ユーロである。他方で，賃労働とMRに関わる経費では10～30ha層では127ユーロ，経営当たりでは127×22.51ユーロ＝2,859ユーロ，30～60ha層では同じく113ユーロ，113×41.11ユーロ＝4,645ユーロ，60～150ha層では127ユーロ，127×76.15ユーロ＝9,671ユーロである。

いずれにしろどの経営形態でも収入部門および経費部門の双方で，雇用労働・MRにかかる収入と支出費がともに計上されている。これは大半の経営がMRを通じる機械作業斡旋の受託，委託ともに利用しているということであり，機械装備を抑えることで経費に占める機械・設備の減価償却費と維持費を相当に抑えているということであろう。雇用労働・MRにかかる経費がその収入に対して経営規模が大きくなるほど大きくなる。農業簿記統計結果では賃労働とMRが区分されていないのでこれ以上の分析は困難だが，規模の大きい経営ほど雇用労働費が膨らむことによるものと考えられる。

経営ヘルパーや農業機械貸与・作業仲介等の実績は，表4-2のとおりである。作業や機械貸与などは，いずれも作業料金として時間当たりの標準料金が

表4-1 南バイエルン地域の酪農経営（2008年度農業簿記調査結果）

		10-30ha	30-60ha	60-150ha
農用地面積（うち借地）ha		22.51 (7.59)	41.11 (18.85)	76.15 (44.93)
うち 耕 地 （%）		19.21	27.45	42.95
永年草地 （%）		80.71	72.42	57.01
飼料面積 （%）		93.04	87.05	74.07
労働力（うち雇用労働力）AK		1.38 (0.01)	1.60 (0.02)	1.92 (0.11)
耕地利用（%）穀　物		31.79	39.85	47.93
実取りトウモロコシ		3.80	3.84	4.89
サイレージ用トウモロコシ		46.75	40.37	31.17
その他飼料		16.74	12.25	7.75
家畜頭数	牛（うち経産牛）　　頭	38.74	62.50	99.44
		(25.30)	(39.23)	(61.82)
生　産	穀物（トン/ha）	62.1	68	69.9
	生乳販売量 t	146.31	243.6	391.5
	生乳単価（セント/kg）	33.47	33.38	32.86
	搾乳量（kg/頭）	6,221	6,556	6,581
	飼料面積（a/大家畜・頭）	48	51	47
販売収入 a（ユーロ/ha）	耕　種	32	65	174
	畜　産	2,761	2,516	2,258
	（うち牛）	566	515	497
	（うち生乳）	2,183	1,982	1,692
	サービス・兼業	130	75	83
	（うち賃労働・MR）	**100**	**56**	**45**
	その他収入	1,043	1,057	937
	（うち平衡給付金）※	83	93	74
	（うちEU単一支払い）	355	348	341
	販売収入 計	3,966	3,713	3,452
経 費 b（ユーロ/ha）	物材費 うち耕　種	127	145	197
	うち畜　産	703	653	618
	うちサービス・兼業	478	408	395
	（うち賃労働・MR）	**127**	**113**	**127**
	減価償却費	580	601	529
	（うち機械・器具）	**229**	**245**	**234**
	その他経費	945	939	847
	（うち機械・器具維持費）	**136**	**117**	**110**
	（うち借地料）	96	132	168
	経費 計	2,833	2,746	2,586
収益(a-b)	（ユーロ/ha）	1,045	856	744
	（ユーロ/家族労働力 AK）	17,377	23,108	33,615

注※：平衡給付金とは，EUの条件不利地域対策助成金である。
出所：LfL(2010), Buchführungsergebnisse des Wirtschaftsjahres 2008/2009., SS.176-77.

細かく決められており，その清算はMRを経由することが義務づけられている。作業料金は2～3年ごとに変更される。変更の最大の理由は農業機械価格の上昇である。単価の決定は作業委託者が農業機械に投資するよりも有利な水準でというのが判断基準である。単価には付加価値税7％が含まれている。一般付加価値税率は19％であるが，MR作業料金は食料品・文化財と同じく7％に減額されている。

表 4-2 アイブリンク MR の事業高（2009 年）

種類	金額（ユーロ）	対前年増（%）	作業別金額（ユーロ）	（合計/作業時間 h・面積等）
経営ヘルパー	1,067,787	16.0	機械操作作業　12.50/h 家事仕事（男女とも）15.45/h 農作業ヘルパー（男女とも）11.00〜13.00/h 家畜踏み手入れ　10.00以上/頭 林地作業　13.00〜15.00/h 建築作業　12.00〜15.00/h	家事ヘルパー　25,818 h 農作業ヘルパー　39,183 h
トラクター貸与 （オペレータなし）	720,602	7.6	2輪駆動（15〜25馬力）7.50/h 2輪駆動（46〜55馬力）13.50/h 2輪駆動（96〜110馬力）24.50/h 4輪駆動（46〜55馬力）15.50/h 4輪駆動（151〜180馬力）42.50/h 4輪駆動（200馬力以上）53.00/h	トラクター作業　12,336 h
輸送作業・貸与	319,603	-3.2	全ての輸送作業　当事者の契約による 家畜トレーラーつきトラクター　10.00〜25.00/日 家畜トレーラーつきトラック　10.00〜25.00/日	サイレージ輸送　3,513 h
耕うん機械貸与・作業	109,525	8.1	耕起作業一式　90.00/ha 砕土作業一式　46.00/ha ロータリー式耕うん機作業30.00/ha ハロー作業30.00〜40.00/h ローラー砕土均平作業　60/ha	
施肥・播種・栽培管理	247,070	0.6	化学肥料散布作業一式　9.50/ha トウモロコシ施肥一式　22.00/ha 施肥機貸与　11.50/ha 条播作業一式　36.00/ha 牧草刈取機一式貸与　70.00/ha トウモロコシ播種・施肥機貸与　20.00/ha ジャガイモ播種・播種一式　50.00/ha ジャガイモ植付け一式　30.50/ha 耕うん土寄せ一式　80.00/ha トウモロコシ除草一式　39.00/ha 農薬散布作業一式　28.00/ha	畜舎糞尿散布作業　7,854車 糞尿タンク車運搬作業　309,910m^3 トウモロコシ播種　1,714 ha 穀物・中間作物播種　1,029 ha 農薬散布作業　2,716 ha

第4章 バイエルン州のマシーネンリンク

有機肥料施肥	411,946	0.6	糞尿搬出作業一式 2.00～3.00/cbm バキュームタンク車貸与 0.60/cbm	
飼料栽培・ワラ 収穫労働	2,211,577	5.5	牧草刈取作業一式 27.00/h 牧草地コンテナ貸与 70.00/h 放牧地マルチ作業一式 45.00/ha 乾草ロール圧縮作業一式 6.00/ロール ワラ裁断作業（ロール用） 25.00/h バンカーサイロ積め作業機貸与 5.00/h	牧草収穫作業 2,236 h 牧草裁断運搬作業 3,485 h 乾草圧縮作業 5,706 h トウモロコシ収穫作業 2,157ha 牧草ロール作業 101,282個
コンバイン作業・ 穀物乾燥	225,256	-7.3	コンバイン貸与 140.00/ha マルチ作業一式（休閑地） 44.00～55.00/ha 穀物・トウモロコシ乾燥 当事者の契約による ジャガイモ完全収穫機貸与 360.00/ha	穀物刈取作業 9,844ha 牧草刈取作業 8,878ha コンバイン作業 1,016ha
林地作業	71,901	-23.1	クレーン付きトレーラ貸与 15.50/h 樹皮剥皮一式貸与 45.00/h チェーンソー貸与 4.00/h（燃料なし）	
屋内機械	57,137	0.2	万能コンベア貸与 0.50/h セメントミキサー貸与 10.00/日 コンプレッサー貸与 15.00/h（燃料なし）	
飼料購買・その他	971,449	5.4		
景観保全	200,424	124.0	除草・枝切り作業 52.00/h 小型ダンプ車貸与 18.00/h	

出所：MR Aibling-Miesbach-Munchen e.V, Rundschreiben Nr.1/2010. 単価は、Dsl, Verrechnungssätze 2010による。

仲介された農業機械貸与・作業は，①トラクター貸与72万602ユーロ，②輸送作業31万9,603ユーロ，③耕うん作業10万9,525ユーロ，④施肥・播種・栽培管理24万7,070ユーロ，⑤有機肥料散布41万1,946ユーロ，⑥飼料栽培・ワラ収穫作業221万1,577ユーロ，⑦穀物収穫脱穀選別22万5,256ユーロ，⑧屋内作業機械貸与5万7,137ユーロに達する。

MR設立当初からの最大の事業である農業機械貸与・作業仲介については，このアイプリンクMRの事業エリアが中小家族経営の多い草地酪農地帯であるだけに，飼料栽培・ワラ収穫作業の事業高が221万ユーロと際立っている。次いで大きいトラクター貸与，有機肥料散布なども加えれば，酪農経営の草地管理や耕地耕うん，牧草や穀物の収穫など圃場作業機械や作業が，トラクターや収穫機等の圃場作業機械を装備しない中小酪農経営からMRを通じて作業が委託されたり，機械が借り出されたりしている姿が浮かび上がる。

このような圃場機械作業に加えて，「経営ヘルパー」（Betriebshilfe）事業が106万7,787ユーロとかなりの事業高に達し，対前年比でも16％増と最大の伸びをみせている。この「経営ヘルパー」事業には，①農作業ヘルパー（Wirtschaftliche Betriebshilfe）と，②家政ヘルパー（Soziale Betriebshilfe）がある。斡旋された労働時間は，①農作業ヘルパーでは合計3万9,183時間，②家政ヘルパーでは合計2万5,818時間にのぼる。

農作業ヘルパーの主な作業は牛舎内作業であり，これに圃場での農業機械作業，畜舎建築が加わる。建築作業は農用建物の建築に制限されている。ヘルパーはMRに登録されている。参加農家の子弟がとくに重要なヘルパー要員である。農作業ヘルパーでは職業専門学校の農業科，家政ヘルパーは家政科の卒業直前か直後の青年男女が登録されている。ヘルパー事業では，社会保険料とくに労災保険料はヘルパー自身の負担である。

MRは作業委託者・受託者それぞれから，作業料金の0.7％ずつ，合計1.4％を仲介手数料として徴収する。参加農家のうち50名余りが，MRの推奨する機械共同利用組合（Maschinengemeinschaft）を数名で結成し，機械を共同購入している。その組合内部での作業受委託についても仲介料がMRに納付

される。MRは参加農家の機械共同利用組合結成に際するコンサルタント業務を無料で実施するとともに，組合の機械導入に際する補助金申請において，各種証明書の発行権をもっていることがその理由だという。

（3）マシーネンリンクと再生可能エネルギー事業

アイプリンクMRが設立した「コンミューン協力有限会社」は公共施設清掃管理業務に加えて，林地所有農家の林地有効利用のために，木材チップを利用してのエネルギー生産に乗り出している。このバイオマス熱エネルギー生産は，MRアイプリンクに加えて，その事業エリア内の2つの林地所有者組合――組合員はMRアイプリンク参加農家――との，また隣接するMRローゼンハイムとMRエーバースベルクそれぞれの子会社の計5団体の共同出資で組織した「MWバイオマス株式会社」（MW Biomasse AG．：MWはマシーネンリンクのMと林地所有者WaldbesitzerのW）が管理会社として運営している。この部門は本部職員4名とパート従業員で運営されている。

地域暖房の温水供給循環センターであるバイオマス熱エネルギー工場はすでに13施設が開設されている。

MWバイオマス株式会社の主力工場であるグロン・チンネベルク工場（出力1,500kW）は，エーバースベルク郡マルクト・グロン村（人口4,700人）のチンネベルク地区にある。2009年10月末に操業を開始した。自動化された工場はマシーネンリンク組合員（農家）を1名，週の労働時間合計で8時間の雇用で運転できる。同工場はグロン村にある修道院と老人ホーム（それぞれ年間20万リットルの灯油を使用），さらに村内の住宅（総灯油需要量は約15万リットル）を対象に，延長3.5kmの地域暖房システムに温水（95℃）を供給している。木質チップ・ボイラーで沸かされた温水は，隣接する35㎥タンクから直径15cmのパイプで送り出され，途中は直径10cm，末端は直径2cmの配管で利用者に届けられる。送水された温水は，工場に60℃台で全量が戻ってくる温水循環システムである。利用者は，配管されてきた温水を暖房用に利用するとともに，熱交換器で水道水を加温して厨房およびバス用に利用

する。温水の売価は6～8セント/kWhであって、1リットルの温水はほぼ10kWhに相当するので、1リットル60～80セントになる。通常の家庭で年間3,000リットルを購入するので、価格ではほぼ240ユーロとなり、灯油価格が高い時には家計費負担は温水の方が小さくなる水準である。温水供給契約期間は15年である。

　設備投資額は総額330万ユーロで、工場施設費と配管費が半々であった。助成金は連邦（国）が30万ユーロ、バイエルン州が20万ユーロの合計50万ユーロ（15％）にすぎない。

　原料のチップはほぼ15km圏内の約100戸の農家から供給される。チップはこの3年ほどで2～6ユーロ/m³から4.50～7ユーロ/m³に値上がりしたが、この4.50～7ユーロ/m³という価格は、灯油75リットルに相当するという。1台30万ユーロするチップ製造機を所有しない農家は、マシーネンリンクの機械利用仲介業務を利用してチップを製造する。このエーバースベルク郡は林地比率が35～50％と高く、しかも民有林が多いという特徴をもっている。農家は平均10～30haの林地を所有しており、1戸平均では70～80m³のチップを供給するという。

　このグロン・チンネベルク工場への出資者には6％の配当が行われており、これもマシーネンリンクに参加し出資機会の与えられた農家にとっては工場へのチップ販売収益に加えての所得源になっている。

3．「レーン・グラプフェルト・マシーネンリンク」

（1）再生可能エネルギー事業コンサルタント会社の設立

　「レーン・グラプフェルト・マシーネンリンク」（以下ではレーンMRないし単にMR）は、バイエルン州最北端レーン・グラプフェルト郡に1970年に組織された。1960年代に村単位に組織されたマシーネンリンクの合併ではなく、最初から郡レベルでの組織である。

　ちなみにバイエルン州北部のウンターフランケン地方には6つのマシーネ

ンリンクがあるが，この郡でのMR設立はバイエルン州内ではもっとも遅い部類に属する[4]。

　この地域は冬小麦，冬大麦，冬ナタネを主作物とする穀作地帯である。もともと畜産地帯ではないが，近年では畜産経営の減少が顕著であって，1971年以降，酪農経営はその4分の3が，養豚経営は半数が離農した。

　レーンMRへの参加経営は630戸（郡内農家の約1,300戸の48.5%），その農用地面積は合計3万2,462ha（郡内農用地5万1,094haの63.5%）である。参加農家の70%は兼業農家である。参加農家の3割を占める約200経営の主業経営は平均的には農用地が70～80ha規模であって，最大規模農家は200haである。副業経営430戸は平均30ha規模である。この地域は全ドイツでもめずらしい均分相続地帯であったことから，バイエルン州内でも経営規模が相対的に小さかったという歴史をもつ。現在の経営はいずれも借地率が70～80%と高い。地代は1ha当たり150～750ユーロと差が大きいが，国道沿いでは600ユーロとかなり高額である。

　農家のMR参加条件は，基本出資額40ユーロに農用地面積1ha当たり1.50ユーロを加えた金額の出資である。

　このMRの事業の中心は農業機械作業斡旋ではなく，農繁期や疾病・事故などの緊急時における経営支援・家政支援のヘルパー事業に重点がある。農家家族員約10名が経営ヘルパーとして，年間合計1万5,000時間従事している。ただし，畜産経営の減少があるので，経営支援は減るだろうという。課題は大型の畜産複合耕種経営の雇用労働力需要にどう応えるかである。家政支援の需要が大きく，非農家に対する支援も含めて2014年では合計3万5,850時間になっている。家政ヘルパーは非農家の主婦が中心である。将来的には介護分野への参入を考えている（現在は法規制があって参入できない）。

　MRは農業者同盟の郡支部と折半出資で，2006年に再生可能エネルギー事業を郡内で推進するためのコンサルタント会社アグロクラフト社を立ち上げた。郡内への海外企業を含む域外企業の太陽光や風力発電事業への参入に対抗して地域住民の出資による事業で所得を地域で確保しようではないかとい

う提案を行い，太陽光，風力，バイオガス発電事業などで全国でも知られる成果をあげている。第7章でみる「農民協同」によるバイオガス発電事業「アグロクラフト・グロスバールドルフ有限会社」は，このアグロクラフト社の指導のもとに設立されたものである。

協同バイオガス発電施設の郡内各地での設置にともなって，メタン原料用のトウモロコシや牧草，ホールクロップ穀物などサイレージ用作物の栽培が増えている。サイレージ用トウモロコシの栽培面積は郡内合計で2,000haになった。

このバイオガス発電事業が伸びるなかで，2014年に大型糞尿消化液散布車（スラリースプレッダー）共同所有組織が管内27戸の農家で組織され，家畜糞尿撒布，バイオガス発電施設から出る消化液撒布をMRが斡旋している。共同所有組織に参加する27戸の作業受委託もMRの斡旋事業として取り扱われる。ちなみに，27戸共同所有の大型糞尿消化液散布車（牽引車つき35～40㎥容量）の利用料金は糞尿消化液1㎥当たり1.80～2.00ユーロである。

（2）コンバインなしで200ha穀作

グレーナー農場は，土地整備法にもとづく耕地整理事業にともなって1956年に郡内メイルリッヒ村から村外に住居を含めて転出し，経営規模の拡大を図ってきた。1980年までは，酪農（搾乳牛20頭）と肉牛・豚の複合畜産経営であったが，当時の経営主であった父が農業者同盟の職員として専従することになって，畜産は小規模な養豚に縮小した。現在の経営主マルクス・グレーナー氏（43歳）はレーンMRの非常勤理事長である。

現在の農用地規模は199.2ha（うち耕地188.7ha）に及ぶ。うち3分の2の135haは12戸から平均小作料300ユーロ/haで借地である。農業労働力はグレーナー氏の年間300日就農と父母（父76歳）の補助で1.2人である。父母は年間20頭の肥育養豚の世話が中心である。

穀物は冬小麦67.8ha（収量7.2トン/ha），スペルト小麦（Dinkel，パン用）11.5ha，冬大麦12.9ha，トリティカーレ13.9ha，冬硬質小麦（デュラム）

第4章　バイエルン州のマシーネンリンク　93

大型糞尿消化液散布車（左）とポンプ車（右）

8.5ha, 夏大麦3.3haなど117.9haの栽培面積で, これに冬ナタネ28.9ha, サイレージ用トウモロコシ42.0haが加わる。休耕は2.7haである。草地では3.5ha分の牧草が収穫される。

　農業機械のうち, 個人で所有するのはトラクター2台と600トン穀物乾燥貯蔵庫（Getreidetrocknung）に限られる。犂（Pflug）1台（2戸共同), 中耕除草機（Grubber）1台（4戸共同), 条播機（Drillmaschine）1台（2戸共同), 動力噴霧器（Pflanzenschutzspritze）1台（2戸共同), 化学肥料撒布機（Düngerstreuer）1台（2戸共同）はいずれも2戸ないし4戸の共同所有である。

　そしてバイオガス発電所の設置にともなって2014年に新たに導入された有機肥料撒布のための大型糞尿消化液散布車（Gülle ausbringen komplett）1台と畜産経営の糞尿やバイオガス施設の消化液を散布車に運ぶポンプ車（Pumptankwagen）1台はともに27戸の共同所有である。前項でみた共同

所有組織 (Maschinengemeinschaft Gülle GbR Rhön-Grabfeld) がこれである。

穀物栽培作業のうち41.9haのトウモロコシの播種と刈取り，10haの草地の牧草刈取りとロールベール作業，さらに100haを超える穀物の収穫作業については，MRを通じて農作業請負会社（郡内4～5社ある）に委託している。逆にMRを通じて機械作業を提供しているのが耕地の耕耘，農薬散布，穀物・中間作物播種，糞尿・消化液撒布などの作業である。

MRに参加することで得られる経済的メリットは，何よりもコンバインに代表される高額大型農業機械の個人所有を避けることができるところにある。さらに，共同所有の組織化が容易であることだという。MRを通じる機械作業の委託で，ほぼ農用地50ha分の作業が軽減されることで実質1人の労働力で200haの経営が可能になっているというのがグレーナー氏の認識である。

本著は，現代ドイツの家族農業経営が資本型家族経営であるとの前提で論を進めてきたところである。バイエルン州最北端のレーン・グラプフェルト郡で200haという最大規模層であるグレーナー農場の農業機械保有と機械作業の実際をみるとき，経営規模，圃場規模の拡大とそれにともなって装備が必要な農業機械の大型化・高額化のもとで，資本型家族農業経営は農業機械を決してフル装備して固定費を膨張させるような経営選択をとってはおらず，可能な限りの共同所有・共同利用や機械作業請負会社への作業委託を行うことで，1人ないし2人に限られる家族労働力で維持可能な規模にまで経営を拡大していることがわかる。MRの存在が郡レベルでのかなり広域的な経営間協業をつくりだすことを可能にしており，それが家族経営の経営維持を支えていることをみてとるべきであろう。

注

1) E・ガイアースベルガー（Erich Geiersberger）は，1926年北バイエルンの生まれで，農業改良普及員，バイエルン州農林省職員，州農協購販組合連合会（Baywa）広報部長，さらにバイエルン放送農村部長など多彩な経歴をもつ。マシーネンリンクを提唱したのは州農協購販組合連合会広報部長時代である。エーリッヒ・ガイアースベルガー（熊代幸雄・石光研二・松浦利明共訳）『マ

シーネンリングによる第三の農民解放』家の光協会, 1976年参照。
2) バイエルン州のMRについてはMRバイエルン州連合会 (Kuratorium Bayerischer Maschinen-und Betriebshilfsringe e.V.), さらに同連合会によって優秀MRとして推薦のあった「アイプリンク-ミースバッハ-ミュンヘン・マシーネンリンク」についても, 2010年2月に現地ヒヤリングを行った。このMRのデータは, 参加農家に配布されている月刊『会報』(Rundschreiben) を利用した。また, バイエルン州MRについての基本データはバイエルン州連合会がMR設立50周年記念事業として刊行した『50年史』が役に立つ。Chronik der Bayerischen Maschinenringe (1958-2007), *Mit den Erfahrung von gestern für den Erfolg von morgen, 50Jahre Maschinen-und Betriebshilfsringe in Bayern*, 2008.
3) StMELF, *Bayerischer Agrarbericht 2012*, Tabelle 21: Entwicklung der Maschinen- und Betriebshilfsringe in Bayern seit 1970.
4) 「レーン・グラブフェルト・マシーネンリンク」については, 2015年9月に, 郡都バート・ノイシュタットにあるMR事務所でのK・エルツェンベック専務理事に対するヒヤリングで得たデータである。グレーナー農場についても同様である。

第5章

有機農業運動と新しい加工販売組織

1．ドイツの有機農業運動

　ドイツの現代の農業経営にとって有機農業運動の重要性が見逃せない。
　ドイツにおける有機農業運動は両大戦間期に始まるが，それが顕著な展開を見せるのは1980年代半ば以降である[1]。1980年代にはEUにおける生乳・穀物過剰問題の深刻化のもとでの農産物価格支持水準の引下げや生乳生産クオータ制度の導入（1984年）のもとで，肥料・農薬等投入経費の削減とともに，慣行栽培に比較して収量は確実に劣るものの，有機産品が価格において有意の差を依然確保できたことが有機農業に生き残り策を見出そうとする経営戦略を相当数の経営に選択させたのである。たとえば，2009年のデータで酪農経営の1頭当たり搾乳量は慣行では7,096kgに対して有機経営では5,585kgにとどまるが，生乳価格は100kg当たり前者では29.66ユーロ，後者では42.96ユーロである。パン小麦栽培では，慣行栽培では1ha当たり7.8トンの収量に対して有機栽培では3.4トンにとどまるが，小麦価格（100kg）では前者は15.47ユーロ，後者は41.18ユーロである。
　有機農業に取り組む経営とその栽培面積は1985年の1,610経営・2万5,000haから，2000年には1万2,740経営・54万6,000ha，09年末には2万1,047経営・94万7,115ha，13年末には2万3,271経営・106万700ha（全農用地面積の6.4％）になっている。州別（2013年末）では，栽培面積の大きい順にみるとバイエルン州の21.5万ha（6,724経営），ブランデンブルク州・ベルリン

計13.6万ha（767経営），メクレンブルク・フォアポンメルン州12.5万ha（808経営），バーデン・ヴュルテンベルク州12.2万ha（6,921経営）が大きい。有機農業に関しては旧東ドイツ北部州の大経営の参加が目立つ。旧西ドイツではバイエルン州とバーデン・ヴュルテンベルク州の南ドイツ2州が有機農業運動をリードしている。第3章でみた両州での粗放化・農業環境景観保全プログラム（バイエルン州のKULAP，バーデン・ヴュルテンベルク州のMEKA）の存在がそれを後押ししているとみてよかろう[2]。

　ちなみに，ドイツ有機農業協会（Arbeitsgemeinschaft ökologischer Landbau, AGOL）によれば，有機農業には以下のような基準を満たすことが求められる[3]。

1）作物・品種選択：①遺伝的多様性の保存
　　　　　　　　　②有機農業として認証された農場産の種子や作物
2）輪作体系：①緑肥作物および豆科作物が主作目ないし間作目として十分な割合をもつこと
3）施肥と腐植質の確保：①基本は自給の有機質
　　　　　　　　　　　②無機質肥料は代替ではなく補充にとどまること
　　　　　　　　　　　③合成窒素化合物，溶解性燐酸塩，高濃度純カリ塩や強化カリ塩の使用禁止
4）植物保護：①化学合成農薬の使用禁止
　　　　　　②病虫害は輪作，品種選択，土壌耕耘などによって予防
　　　　　　③有益な生物（益虫や益鳥など）の数を生垣，営巣地，湿地ビオトープなどによって増やすこと
5）家畜飼養：①種に適した飼養方法の選択（家畜の種類によって異なる）
6）家畜飼養密度：①最大で大家畜換算1.4頭/ha
7）家畜飼料：①購入飼料の割合を，乾物量換算総飼料需要で牛の場合は最大10％，豚の場合は最大15％とすること

　なお，有機農業基準については，EU有機農業基準やドイツ有機認証とともに，独自の認証基準をもつ有機栽培連盟（Anbauverbände Ökologischer

Landbau) 8団体が存在する。いずれもEU有機農業基準を最低基準として，そのうえに各連盟独自の有機認証基準を付加している。有機農業経営2万3,271経営のうちの1万2,140経営（52.2%）は，いずれかの有機栽培連盟に参加して団体独自の有機ブランドを消費者にアピールしようという戦略である。最大組織のビオラント（Bioland, 1971年設立）は5,783経営（2013年末，以下同様），ナトゥアラント（Naturland, 1982年設立）2,616経営，デメーター（Demeter, 1924年設立）1,449経営，ビオクライス（Biokreis, 1979年設立）975経営，ビオパルク（Biopark, 1991年設立）635経営，ゲア/エコヘーフェ（Gäa/Ökohöfe, 1989年設立）506経営，エコヴィン（Ecovin, 1985年設立）250経営，エコラント（Ecoland, 1988年設立）36経営である。これら8団体に加盟していない1万1,131経営はEU有機農業基準を遵守するものである。

ドイツにおける有機農産物の普及度合いについては，2009年の消費者世帯の購買割合のデータがある。それによれば，有機産品の割合がもっとも高いのは鶏卵の6.3%であって，以下，生鮮野菜4.9%，ジャガイモ4.6%，食用油4.3%，生鮮果実3.9%，パン3.8%，飲用乳3.5%，ヨーグルト（飲用ヨーグルトを含む）3.4%，チーズ1.7%，バター1.4%，食肉1.0%，肉製品・ソーセージ0.8%，鶏肉0.4%である。また同じく2009年にドイツ国内で販売された果実で有機産品の割合が高いのは，バナナ43.2%，リンゴ15.3%，レモン13.0%，オレンジ10.2%，キウイ4.6%などであった。

こうした有機農業運動のなかから，新たな生産者の農産物販売組織が誕生していることにも注目すべきであろう。今日のドイツでは酪農協同組合が存在する酪農部門を除いて，耕種，畜産経営はいずれも卸売会社や製粉会社，食肉加工会社に直接に農産物の販売を行っている。そうした状況のなかで，有機産品については直売所の開設や有機専門スーパーへの出荷のために生産者の加工販売組織が作られている。

以下にみるのは，それを代表する組織として近年注目されている「シュベービシュ・ハル農民的生産者協同体」である[4]。

2．シュベービシュ・ハル農民生産者協同体

　バーデン・ヴュルテンベルク州の州都シュトゥットガルトの北東ホーエンローエ地域に位置する小都市シュベービシュ・ハルの近郊ヴォルパーツハウゼンに本拠地を置くことから,「シュベービシュ・ハル農民生産者協同体」(Die Bäuerliche Erzeugergemeinschaft Schwäbisch Hall w.V. 以下ではBESH) を名乗る食肉加工販売団体である。

　地域在来豚品種の再生（EUの地理的表示保護認証の取得）と有機農業を土台に，ホーエンローエ地域農業の維持展開に大きな成果をあげ，協同組合型の畜産加工販売組織として全ドイツに知られるBESHがいかなるものかをみておこう。

　ホーエンハイム大学とイギリスのレディング大学を卒業後，ドイツ政府の海外支援協力隊員としてアフリカ・ザンビアやアジア・バングラデシュでの活動を経験後，帰郷して自家農業を継いだR・ビューラー氏（1952年生まれ）のリードで1988年に設立されている。

　上部団体をもつ「協同組合法人」(e.G.) ではなく，上部団体がなく完全に自立した活動ができる「経済的社団法人」(wirtschaftlicher Verein, w. V.) という法人形態を選択している。その組織運営は組合員一人一票制・組合員総会最高決定機関に代表される協同組合法人がもつ運営原理によっている。農民の自助を原則とし，ホーエンローエの「農民的地域発展」("die bäuerliche Regionalentwicklung") がそのめざすところであるとする。

　1980年代の初め，その毛色からモーレンケップレ種（Mohrenköpfle）—モーレンコプフMohrenkopfは「チョコレートをかぶせたケーキ」というニックネーム—という豚は，絶滅危惧種の豚品種になっていた。このシュベービッシュ・ハル種豚は，ヴォルパーツハウゼンのいくつかの農場にわずか7頭の雌豚と1頭の雄豚が生き残っていた。当初は失われた伝統的在来品種とみられていた豚に自家農業に就農したビューラー氏が注目し，1984年から周

モーレンケップレ種

辺農家と一緒に復活事業（国際的に大いに注目されたプロジェクトであったという）に取り組み，1988年に8戸の農家で組織したのがBESHであった。シュベービッシュ・ハル種豚は現在では，血統書雌豚が350頭に増え，3,500頭の母豚から年間7万頭の子豚が生産されており，EUの「地理的表示」認証を獲得している[5]。

組合員は設立8年後の1996年には200戸，11年後の2000年には400戸，20年後の2008年には1,000戸に増え，2015年初めにはBESHは1,412戸の農家が参加する強力な食肉加工販売団体となっている。参加養豚農家は平均的には400～500頭飼育規模であって，50～100頭規模の小規模農家が少なくない。最大規模経営は1,500頭飼育（年間4,000頭出荷）である。繁殖肥育一貫経営が半数を占める。生後6.5～7カ月飼育で125kgにまで肥育される。組合員の3割，450戸が有機経営として認証されている。

「地域の伝統的在来品種を活かして心ある消費者の期待に応え，美味しく食べてもらえる食肉の生産加工販売」をめざしている。飼育する家畜は健康

な餌を与えられており，有機認証農家でなくても成長促進剤，肉骨粉や遺伝子を組み換えた飼料など問題のある原料は禁止されている。BESHは，ドイツ国内でも有機食肉の生産と販売をリードする存在であり，高品質食肉事業はあらゆる「エコテスト」で「優良」の評価を得ているという。

屠畜は自前の「生産者屠場」（Erzeugerschlachthof）で行われ，家畜を長距離輸送で苦しめることはない。この屠場では獣医の管理のもと，家畜保護に適正な方法で屠畜処理加工される。家畜は食肉品質で検査され，BESHの認証スタンプが押される。屠畜と販売が結合されており，透明であることが最高の原則とされ，BESHの食肉はまさに農民から直接に生み出されたものであることが強調されている。家畜飼育から屠畜にいたるまで，自発的にオッフェンブルクにある中立のラコーン食品研究所（Lebensmittelinstitut Lacon）の管理を受けている。

BESHは組合員の出荷する豚に対して，市場価格を基準に以下のようなプレミアム価格をつけている。

市場（卸売価格・2015年1月第2週）1.29ユーロ（枝肉1kg）
BESH一般価格（＋40セント保証）　1.70ユーロ（保証額は＋40セントに固定）
BESH有機価格　　　　　　　　　　　3.20ユーロ
BESH放牧養豚価格　　　　　　　　　3.50ユーロ

週当たり4,000頭，年間20万8,000頭出荷される豚（うち3分の1がモーレンケップレ種）のうち，ほぼ10％強（450頭/週）が有機豚である。放牧養豚は6年前に開始した事業である。飼育密度を草地1ha当たり15頭に制限している。これは有機・非有機とは別の基準である。放牧養豚豚の出荷は増加傾向にあって，年間1,000頭レベルになった。

BESHの組合員からの買い取り量（週当たり）は，豚4,000頭，牛（ホーエンローエ牛肉 boeuf de Hohenloheとして有名）450頭，羊1,000頭，子豚1,000頭であって，販売高（2013年）は1億1,000万ユーロに達している。

製品の販売先は大半がバーデン・ヴュルテンベルク州内および隣のバイエルン州である。35台保有するトラックで配送する。本部事務所のあるヴォル

パーツハウゼンには，直売所（自社製品350アイテムとシュロツベルク酪農組合の飲用乳やヨーグルトなど近隣の有機産品を販売）とレストランを経営している。

「シュベービシュ・ハル農民生産者協同体」（経済的社団法人）の傘下グループ団体は以下のとおりである。

シュベービシュ・ハル農民生産者協同体（株式会社）

シュベービシュ・ハル生産者屠場（株式会社）

エコラント（登録組合）

自然スパイス・特産マスタード・エコラント

シュベービシュ・ハル豚品種改良協会

公益財団農民の家（シュベービシュ・ハル市中に所有）

シュベービシュ・ハル高品質肉・子牛生産者協同体

真正ハル特産ソーセージ・ハム販売協会（有限会社）

ホーエンローエ・ラム

ホーエンローエ牛肉生産者協同体（経済的社団法人）

シュベービシュ・ハル農業改良普及所（登録組合）

グループ団体のうち，いくつかを紹介しよう

［シュベービシュ・ハル生産者屠場　Erzeugerschlachthof Schwäbisch Hall］

BESHは，2001年に村営屠場の経営危機を救うために，買収のうえ大改修を行なって，衛生改善と高品質食肉生産に適合する「シュベービシュ・ハル生産者屠場」にした。ここを利用するのは，BESH参加経営とハルのいくつかの食肉業者である。農家からこの屠場への家畜の運送はできるかぎり短距離とされ，家畜保護規則に沿った屠殺がなされ，ただちに真正ハル特産ソーセージに加工される。

［エコラント　Ecoland］

エコロジカルな耕作に取り組むことは，健全な食品を生産し，自然のエコシステムを痛めないことにおいて共通している。収量を最大限にすることで

シュベービシュ・ハル農民生産者協同体の直営店舗

はなく，経営の総生産を最善の状態にすることが目標になる。今日では，科学的に農耕の環境にやさしい形態だとされるエコシステムと生物多様性の保存，土壌保全，水質保全，さらに農業による気候への負担軽減に寄与すべきだとされている。

　有機農耕はEUの1992年有機農業規則（EG-Öko-Verordnung）で法的に規制されている。どの有機経営も独立した政府認証管理機構の管理のもとにおかれている。エコラントはそのバイオ農耕認証機構のひとつであって，1997年に設立されBESH会員から27経営が参加している。

　［自然スパイス・特産マスタード・エコラント　Ecoland Naturgewürze Senfspezialitäten］

　自然スパイス原料として，香りのよい在来品種のコリアンダー，キャラウェー，多種類のカラシ菜がバイオ栽培される。熱帯産スパイスとしてのコショウ，ナツメグ，チョウジは，BESHの南インドの1,200家族とのエコ栽培プロジェクトで調達される。

［シュベービシュ・ハル農業改良普及所 Landwirtschaftlicher Beratungsdienst Schwäbisch Hall,e.V.］
　バーデン・ヴュルテンベルク州が運営する農業改良普及センターでは，BESHのめざす農業，すなわち有機農業を重視する技術指導が期待できないので，自前の農業改良普及所を設立し，5名の農業改良普及員を配置して組合員への営農指導を行わせている。

注
1) ドイツにおける有機農法はルドルフ・シュタイナーの1924年の講演を発端とする「バイオ・ダイナミクス（biologisch-dynamisch）農法」にあるとされ，1930年には"デメーター"（Demeterはギリシャ神話の豊穣の女神）という雑誌が創刊され，33年には「バイオ・ダイナミクス農法全国連盟」（Reichsverband für biologisch-dynamische Wirtschaftsweise）が設立されている。現在の有機農業団体デメーターが設立年次を1924年としているのは，こうした経緯によるものとみられる。藤原辰史『ナチス・ドイツの有機農業・「自然との共生」が生んだ「民族の絶滅」』柏書房，2005年参照。
2) DBV, *Situationsbericht 2013-14*の1.6 Ökologischer Landbauによる。
3) Heissenhuber, A./J. Katzek,/F. Meusel/H. Ring, *Landwirtschaft und Umwelt*, Economica Verlag, 1994, S.105（アロイス・ハイセンフーバー他（四方康行・谷口憲治・飯國芳明訳）『ドイツにおける農業と環境』農文協，1996年，108ページ参照。
4) シュベービシュ・ハル農民生産者協同体については，2014年2月および2015年1月に実施した現地調査で得られた資料による。
5) EUの「地理的表示」認証とは，地方，特定の場所，又は例外的には国の名称であって，以下に該当する農産物又は食品を表現するために使用されるものをいう。
　　──当該の地方，特定の場所又は国を原産地としていること
　　──当該の地理的原産地に起因する固有の品質，評判その他の特徴を有していること，並びに
　　──その生産及び／又は加工及び／又は調整が当該の定義された地理的地域において行われていること。
「EU地理的表示原産地名称理事会規則」による。

第6章

バイオガス発電事業と農業経営

1．ドイツの「エネルギー大転換」

　ドイツでは今世紀に入ってエネルギー生産において再生可能エネルギーへの転換が本格的に進んでおり，「エネルギー大転換」(Energiewende) といわれる時代を迎えている。「エネルギー大転換」とは，一つには化石燃料や原子力に依存したエネルギー供給から再生可能エネルギーへの転換と，いま一つは少数の大型発電所での発電と高圧線による遠距離送電ではなく，多数の地域分散型小発電所や熱供給施設による地域内での電力や熱の供給体制への転換という二つの意味での転換だとされている。

　ドイツ政府メルケル政権は2011年7月に原子力法を改正して，遅くとも2022年末までに原発17基を完全に廃止することを決定した。安全点検のために稼働を停止していた旧式の7基と，故障多発の1基の計8基はそのまま廃止。残る9基の閉鎖を2015, 17, 19年に1基ずつ，21年に3基，22年に3基実施するというものであった。2012年に原発を運転しているのは，E・ON（エーオン社，本社デュッセルドルフ），RWE（エルヴェーエー社，1990年までの社名はライン・ヴェストファーレン電力会社，本社エッセン），EnBW（エネルギー・バーデン・ヴュルテンベルク社，本社カールスルーエ），VE（バッテンフォール・ヨーロッパ社，本社ベルリン，スウェーデンの大手電力会社の子会社）の大手電力会社4社である。ちなみに，出力134万kW 2基を運転中のドイツ最大のグントレミンゲン原発（バイエルン州のバーデン・ヴ

ュルテンベルク州境に近いドナウ川沿いにある）は資本金の75％がRWE，25％がE・ONの所有である。このグントレミンゲン原発（1号機は停止済み）も，2号機（出力134.4万kW）が2017年末，3号機（同じく134.4万kW）が21年末までに停止されることになっている。2015年6月27日には，バイエルン州北部の小都市シュヴァインフルト近郊のマイン川沿いに立地するグラーフェンラインフェルト原発1基（1981年稼働で稼働中原発としてはドイツ最古，E・ON）原発2基が予定通り停止した。

　EUが1996年12月に公布した指令96/92号「電力単一市場に関する共通規則」，すなわち電力市場自由化指令が，ドイツ社会民主党・緑の党連立シュレーダー政権によってドイツ国内法「エネルギー事業法」（Energiewirtschaftsgesetz, EnWG, 1998年）として制定され，ドイツにおける電力自由化が始まる。しかし，託送料金については緩やかな規制であったために地域独占大手電力会社の高額託送料金の設定を抑えられず，約100社の新規参入業者は経営難で5社にまで減ってしまう事態となった。この間，8大電力会社の集中合併が進み，4大電力体制に移行した。トップのE・ONは，2000年に2大電力会社VEBA（Vereinigte Elektrizitäts- und Bergwerks AG，合同電力鉱山株式会社）とVIAG（Vereinigte Industrieunternehmen AG，合同工業企業株式会社）の合併で生まれている。RWEは，2002年にドルトムントのVIEWを吸収合併した。EnBWはフランスの電力会社EDFの傘下にある。VEは以前はHEW（ハンブルク電力会社）であって，ベルリンのBewagと旧東ドイツのVEAGを吸収合併したものの，スウェーデンの公営電力会社バッテンフォールの傘下に入り，2006年に社名をバッテンフォール・ヨーロッパに変更している。販売電力量は1995年には5社で約50％であったのが，04年には4社で73％とかえって独占化が進んだのである。2000年からは電力料金が上昇し始めるなかで，EUの批判も強まり，2005年にエネルギー事業法の抜本改正で託送料金は連邦系統規制庁（Bundesnetzagentur）による事前許可制とされ高価格の是正がなされた。さらに2009年には送電会社の法的分離を求めた結果，発送電の分離も進んで

図6-1 ドイツの再生可能エネルギーによる発電量の増加

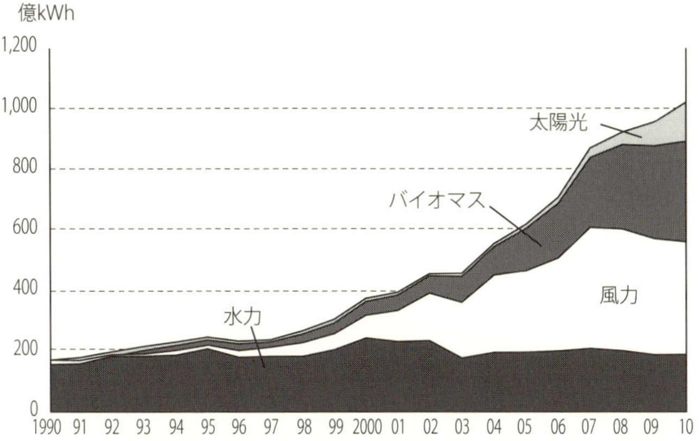

出所：A. Heissenhuber, Renewable Energy in Germany-Present Situation and Perspectives.
（2011年9月東京でのプレゼンテーション資料）

いる。送電部門の切り離しに抵抗してきた大手電力会社がカルテル防止法違反を避けるために，また，送電網整備のための巨額投資をきらって高圧送電線の売却に走ったことによる。業界トップのE・ONが2009年にオランダの国営送電会社テネットに，業界2位のRWEが11年に送電子会社を銀行子会社・保険会社のコンソーシアムに，バッテンフォール・ヨーロッパ社は10年にベルギーの送電網運営会社とオーストラリアのファンドに売却している。発電部門に加えて送電部門にも外国に本社を置く国際企業が参入しているのは驚きである[1]。

総発電量に占める再生可能エネルギーの割合は1988年に4.7％に過ぎなかったものが，2005年には10.5％，10年には16.4％，そして13年には総発電量6,346億kWhのうち1,525億kWh，24.0％になった。その内訳は，風力が最大で534億kWh（再生可能エネルギーの35.0％），次いでバイオマス（家畜糞尿など有機廃棄物を含む）が479億kWh（同31.4％），太陽光が300億kWh（同19.7％），水力が212億kWh（同13.9％）である。

図6-1がこの間の再生可能エネルギーによる発電量の伸びをしめしている。化石燃料は褐炭・石炭合計が2,860億kWhで45.1％，天然ガスが660億kWh

表6-1 2012年ドイツの買取価格（ユーロセント/kWh）

		出力区分等	買取価格	買取期間
太陽光	屋根設置	0～30kW	24.43	20年
		30～100kW	23.23	
		100～1000kW	21.98	
		1,000kW～	18.33	
	平地設置	転換地等[1]	18.76	
		その他用地	17.94	
風力	陸上風力[2]	0～5年目	8.93	20年
		6年目以降[3]	4.87	
	洋上風力[4]	0～12年目	15.0	
		13年目以降	3.5	
水力[5]		0～500kW	12.7	20年
		500～2000kW	8.3	
		2000～5000kW	6.3	
地熱[6]			25	20年
バイオマス[7]		<150kW	14.3	20年
		150～500kW	12.3	
		500～5,000kW	11	
		5,000～2万kW	6	

出所：日本エネルギー経済研究所「海外における新エネルギー等導入促進政策に関する調査」より資源エネルギー庁作成

注：1）転換地とは，ごみ処理場や軍隊の使用地など，既に使用していた土地を2次使用したような土地。その他コンクリート等で被われた土地も同様の扱い。
2）新設の陸上風力の買取価格。リパワリング，新技術にはボーナスを上乗せ。
3）6年目の時点で，基準設備の発電量の150%を下回っている設備については，0.75%下回るごとに，6年目以降の買取価格の適用が2ヶ月遅れる。
4）新設の洋上風力の買取価格。2016年までに稼働した設備には別の買取価格を適用。別途，買取期間を短くし買取価格を高くするオプションもある。
5）新設の水力発電の買取価格。近代化（発電能力の拡大ではなく，環境性の向上，ダムの改修，魚道の確保などに関する改修）や既設設備の増設分についても，別途区分がある。
6）新設の地熱発電の買取価格。高温岩体発電の場合，ボーナスを上乗せ。
7）バイオガス発電については，4～8ユーロセントのプレミアムを上乗せ。また，バイオマス廃棄物発酵及び小規模糞尿は別の買取価格を適用。

で10.4%である。原発は東京電力福島第1原発事故の直後に17基中8基を停止し，発電量の割合は前年の2010年の22.4%から11年には17.7%に，さらに13年には970億kWh，15.3%に低下している[2]。

再生可能エネルギーによる発電量が今世紀に入って急増したのは，同じくシュレーダー政権によって2000年に「再生可能エネルギー法」（Erneuerbare-Energien-Gesetz－EEG）が制定されたことが決定的である。

これは，1991年制定の「電力供給法」では発電方法に関係なく一律に電気料金の90％の価格で買い取る制度であったために，コストの関係で風力発電しか普及しなかったのに対して，EEGでは風力発電だけでなくあらゆる再生可能エネルギー発電を普及するために発電設備所有者の総経費が売電収入でまかなえるようになったからである。たとえば，コストの高い太陽光発電はコストの低い風力発電より高く買う方式である。そして，さらにこれに弾みをつけたのが，04年同法改正での太陽光発電の買取対象規模上限100kWの廃止と買取価格の発電規模別設定，さらに09年の再改正であった。再生可能エネルギー発電量が伸びるにしたがって，電力消費への賦課金（サーチャージ）の額が近年大きくなり政治問題化するなかで，とくに買取単価の高かった太陽光発電の買取価格は04年以降引き下げられてきた。しかし，**表6-1**の2012年に改訂された買取価格でみても，太陽光発電は屋根設置の30kW未満が24.43セント/kWh，30〜100kWが23.23セント/kWh，100〜1,000kWが21.98セントと高い水準にあって，国民の太陽光発電にたいするインセンティブは失われていない[3]。

2．バイオガス発電事業への農家の参加

(1)「バイオエネルギー村」

ドイツにおけるバイオマス発電，とくに家畜糞尿メタン発酵バイオガス発電の大きな展開を理解するうえで見逃せないのが，ゲッティンゲン大学持続的発展学際研究センター（IZNE Göttingen：Interdisciplinary Centre for Sustainable Development of Göttingen University）が2002年に立ち上げた「バイオエネルギー村プロジェクトチーム」である。このプロジェクトチームは，「バイオエネルギー村づくりコンテスト」に応募してきた17村のなかからニーダーザクセン州南端の小村であるユーンデ村をモデル村に選定（2005年9月）し，集中的に指導援助して全国で第1号の「バイオエネルギー村」に導いたのである。バイオエネルギー村とは，①村内で消費する熱エ

ネルギー，電力のいずれも50％がバイオマスを基盤とした村内のエネルギープラントで生産されていること，②効率的な熱電併用が行われていること，③エネルギープラントの少なくとも50％は村および村民の所有であることが条件とされた。

人口750人，農家9戸，農地1,300ha，林地800haのユーンデ村では，バイオガス発電施設1施設（1日当たり30㎥の乳牛糞尿＋35トンのトウモロコシ等のサイレージで出力700kW），木質バイオマス地域暖房1施設（年間1,800㎥の木材チップで出力550kW，80～85℃温水管総延長5.5km）の建設を，70％の住民が参加するエネルギー協同組合を組織して530万ユーロの初期投資を地元資金で賄った。全国のトップを切ってバイオエネルギー村（Bioenergy village Jühnde）を実現し，全国の農村にエネルギー協同組合を組織して村単位の協同再生可能エネルギー施設づくりを進める大きな刺激となったのである[4]。

(2) バイオガス発電についての固定価格買取制度

2004年に改訂されたEEG法では，バイオガス発電についての買取固定価格は，06年から26年の20年間にわたって，発電出力が500kW以下の小規模発電では1kWh当たり平均21～23セント，500kWを超える場合には平均16～19セントという固定価格での買い上げとなった。これを契機に農村では太陽光発電や風力発電と並んで，家畜糞尿やエネルギー作物（サイレージ用トウモロコシSilomaisや同じくサイレージ用牧草など）を原料とするバイオガス発電施設の設置が進んだ。さらに09年の再改正では，10年からは熱電併用における熱利用率に最低基準を設定し，熱電併用プレミアムが2セント/kWから3セント/kWに引き上げられた。

EEGについては，その改定内容の要因を含めて2012年の一部修正までは，梅津一孝等の研究調査結果である『先進国におけるバイオガスプラントの利用形態に学ぶ～北海道における再生可能エネルギーの利用促進に関する共同調査報告書～』が詳しい。

図6-2　2012年EEG法における買取価格

単位：セント/kWh

	補償金額 (基本) [第27条第1項]	カテゴリーⅠ (増額)1) [同条第2項第1号]	カテゴリーⅡ (増額)2) [同条第2項第1号]	バイオマス 廃棄物3) [第27条C]	天然ガス処理ボーナス [第27条C]6)
75kW以下	25セント/kWh（ふん尿80%以上かつ75kW以下）				3セント/kWh
75〜150kW	14.3	6.0	8.0	16.0	(1m³/h以下の場合)
150〜500kW	12.3	6.0	8.0	16.0	2セント/kWh
500〜750kW	11.0	5.0/2.5 4)	8.0/6.0 5)	14.0	(1,000m³/h以下の場合)
750〜5,000kW	11.0	4.0/2.5 4)	8.0/6.0 5)	14.0	1セント/kWh
5,000〜20,000kW	6.0	0.0	0.0	14.0	(1,400m³/h以下の場合)

出所：梅津一孝・竹内良曜・岩波道生「先進国におけるバイオガスプラントの利用形態に学ぶ〜北海道における再生可能エネルギーの利用促進に関する共同調査報告書〜」独立行政法人農畜産業振興機構『畜産の情報』2013年6月号。

注：1）カテゴリーⅠは，トウモロコシなどエネルギー作物が60%未満の場合に加算。
　　2）カテゴリーⅡは，それ以外のバイオマスプラントの原料。食品廃棄物・糞尿・敷料・植物残渣，自然景観の維持のために刈り取った芝などが60%以上の場合に加算。
　　3）生分解可能な廃棄物及び混合一般廃棄物。
　　4）樹皮又は森林残材の場合。
　　5）特定の糞尿の場合。
　　6）メタンガスを直接天然ガス網に接続する場合のプレミアム。

　2000年4月に施行されEEG法は，2004年8月と2009年1月の全面改正を経て，2012年1月に一部改正された。改正の要点は，ひとつは当初は作付面積の拡大に向けて振興対象であったエネルギー作物の拡大を抑制する方向に転じたこと，いまひとつは変化する経済諸情勢に対応して各種のプレミアムを変更・新設してきたことにある（**図6-2**）5)。

　エネルギー作物はバイオガス施設の原料とするために栽培されるサイレージ用トウモロコシ，小麦，甜菜であって，2004年8月のEEG法改正により，これらエネルギー作物の利用に対して買取価格の上乗せ（プレミアム）が導入されている。それがエネルギー作物に依存したバイオガス施設を急増させ，エネルギー作物の作付けの急増が問題となった。このため，2012年EEG法においては，エネルギー作物を原料とする場合には，原料に占める割合が60%未満の場合に限ってプレミアムを支払うものとされ，買取価格の設定方法を見直し，施設の規模によって買取価格を変化させることになった。エネルギー作物を原料とする場合（カテゴリーⅠ）と家畜糞尿などを原料とする場合（カテゴリーⅡ）とに分けてプレミアムを設定している。固定価格は，基本額に加えて，メタン発酵の追加原料がカテゴリーⅠの場合は出力150kW

未満の場合は 6 セント/kWh，カテゴリーⅡの場合は同じく 8 セント/kWh がプレミアムとして上乗せされる。原料が畜糞だけの場合は出力150～500kWの場合は16セントの上乗せである。出力が75kWh未満の場合は，一律に25セントの買取価格である。

（3）戸別か協同か

バイオガス発電施設は，ドイツ・バイオガス協会（Fachverband Biogas e.V.）のデータによれば，2013年末までに全ドイツでは7,850施設・出力354.3万kW（1 施設当たり約450kW），総発電量は年間264.2億kWhに達する。これは755万世帯分の電力供給量に相当し，売上高で73億ユーロ，4万1,000人の雇用が生み出されている。2014年の予測では7,960施設，出力380.4万kWになる（図6-3）。

バイオガス発電施設は当初は出力150kWまでの小規模施設がほとんどであった。ところが近年のものは500kW超の中規模施設が中心となり，さら

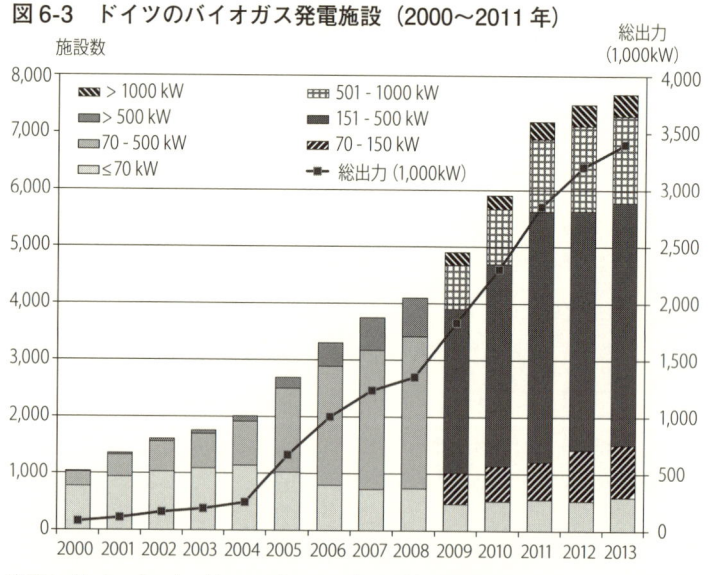

図 6-3　ドイツのバイオガス発電施設（2000～2011 年）

出所：インターネット：biogasanlagen in deutschland 2011

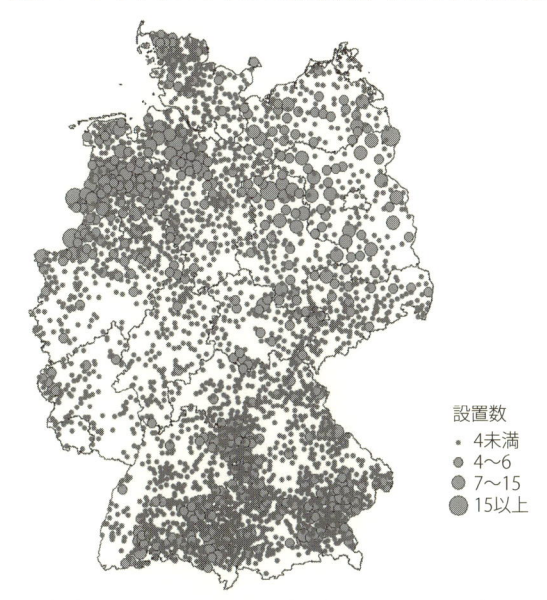

第6章　バイオガス発電事業と農業経営　115

図6-4　ドイツのバイオガス発電施設（2014年5月現在）

設置数
- 4未満
- 4〜6
- 7〜15
- 15以上

出所：DBFZ, Deutsche Biomassforschungszentrum GmbH, 2014

にそれを超える大型施設も増えてきた。これは，当初は酪農を中心に畜産経営が多く立地する地域，典型例ではバイエルン州南部での家畜糞尿を原料とする「戸別バイオガス施設」（Hofbiogasanlage）が中心であった。ところが近年になって，畜産経営だけでなく穀作経営がサイレージ用トウモロコシなどをバイオガス原料として供給する「原料供給者」（Substratlieferant）となって，村（Gemeinde）単位での「協同バイオガス施設」（Gemeinschaftsbiogasanlage）が増えてきたことによっている。

　地域別にみると，2013年末でバイエルン州の2,330施設・出力77.4万kW（1施設当たり平均273kW）を筆頭に，ニーダーザクセン州の1,480施設・出力78.3万kW（同529kW），バーデン・ヴュルテンベルク州の858施設・出力29.6万kW（同345kW）と，この3州（合計4,668施設，59.5％）に全国のバイオガス施設の過半数が立地している（図6-4参照）。以下，シュレスヴィヒ・ホルシュタイン州711施設・30.5万kW（同429kW），ノルトライン・ヴェス

トファーレン州607施設・27.7万kW（同456kW），メクレンブルク・フォアポンメルン州330施設・23.0万kW（同697kW），ザクセン・アンハルト州322施設・18.3万kW（同568kW），ブランデンブルク州320施設・19.2万kW（600kW），チューリンゲン州255施設・12.1万kW（同476kW），ザクセン州247施設・11.8万kW（同478kW），ヘッセン州192施設・6.3万kW（同328kW），ラインラント・プファルツ州142施設・6.1万kW（同430kW），ザールラント州14施設・6,000kW（同429kW），ハンブルク市2施設・1200kW（600kW），ベルリン市1施設・2,000kWと続いている。

　以下では，全ドイツのバイオガス施設の4割が集中する南ドイツで戸別バイオガス施設をみる。

3．南ドイツの戸別バイオガス発電

（1）バイエルン州の戸別バイオガス発電

　バイエルン州におけるバイオガス発電は，2011年末には州別では全国で最も多い2,372施設・出力合計67.4万kWに達している。この出力は原子力発電所1基分にも相当する。

　州内の地域別（前掲第4章の図4-1参照）には，オーバーバイエルンの596施設・出力合計14.3万kW（1施設平均240kW），シュヴァーベンの528施設・同15.4万kW（同292kW），ニーダーバイエルンの361施設・同9.4万kW（同260kW）など，畜産とくに酪農主産地を先頭に，オーバープファルツ266施設・同8.4万kW（同316kW），オーバーフランケン193施設・同4.5万kW（同233kW），ミッテルフランケン338施設・同11.9万kW（同352kW），同ウンターフランケン90施設・3.5万kW（同389kW）と続いている。

　ちなみに，ウンターフランケン地方の最北端に位置するレーン・グラプフェルト郡は同じ2011年末に10施設・6,000kW（同600kW）を数える。ウンターフランケンそしてレーン・グラプフェルト郡の1施設当たりの出力が大きいのは，農業経営の戸別バイオガス施設よりも，協同組合方式などで畜産経

営と穀作経営が数十戸単位で立ち上げる協同施設が中心になっていることによる。

1) オーバーバイエルン酪農地帯の戸別バイオガス発電
　バイエルン州東南部オーバーバイエルンはドイツを代表する酪農地帯であって，戸別のバイオガス発電施設の導入が顕著である。ただし，戸別とはいうものの，以下でみる事例は完全な単一経営事業ではなく，マシーネンリンクが仲介する複数経営の協業事業である。

　① 中規模酪農経営のバイオガス発電事業
　レールモーザー家は搾乳牛70頭規模の酪農経営である。経営主（55歳）と17歳男子の実習生1名との2人の労働力で経営されている。経営農用地は72ha（うち借地37ha）であって，そのうち耕地が48ha，草地が24haである。バイエルン州の平均規模が約30haであるので，それに比べれば大きく中規模上層といえよう。他に林地を29ha所有している。
　耕地ではホールクロップのサイレージ用トウモロコシ30ha，小麦7ha，冬大麦4ha，トリティカーレ（Triticale，小麦・ライ麦雑種）4haの栽培である。
　搾乳牛70頭に加えて，肥育用子牛（生後5週間から4カ月間育成）70頭という経営規模である。これらはいずれもバイエルン州伝来種の「まだら牛」（Fleckvieh）で，ホルシュタインより肉質が優れ，肉用としての販売単価が高いためにこの品種が選択されているという。年間の生乳出荷量は555トンで，搾乳牛1頭当たりの平均年間搾乳量は約7,900kgになる。飼料は，自給のトウモロコシ・サイレージと牧草サイレージである。出荷する生乳（平均乳脂肪率4.1％・乳たん白3.5％）の価格は36セント/kgであったので年間生乳販売額は約20万ユーロである。EUの所得補償直接支払い（約350ユーロ/haで70ha分が2万4,500ユーロ）や条件不利地域対策平衡給付金で農業所得を補てんするにしても，この乳価水準ではいかに自給飼料率を高めても酪農経営

サイレージ用トウモロコシの収穫（インターネットから）

は厳しい。

　レールモーザー家は隣家（農用地50haで，肥育用子牛300頭規模）とのパートナーシップ型共同法人経営（ドイツではもっとも簡便な2人でも立ち上げられる法人組織）で2001年にバイオガス発電事業を立ち上げた。牛舎に隣接して設置された750㎥の地下埋設型メタン発酵槽が2基と，1基のガス貯留槽（130㎥）と最大出力150kWのコジェネレーター（熱電併用ガスエンジン）や付属施設に要した初期投資額は75万ユーロ（全額借入金）にのぼった。糞尿は牛舎からベルト・ポンプで自動的にメタン発酵槽に投入され，トウモロコシ・サイレージなどのメタンガス原料は，1日に2回，トラクターに装着されたショベルで投入される。バイオガス発電に要する労働力はほぼこの原料投入作業に限られる。

　ガスエンジンの平均出力は140kWであって，それを動かすメタンガスの発生原料の構成では，30kW（20％強）が牛糞尿，110kW（80％弱）がサイレージ・トウモロコシ，サイレージ牧草と穀物である。そのうちサイレージ・トウモロコシが60kWと過半を占め，これにサイレージ牧草（30kW分），小麦・

ホールクロップ・トウモロコシ

大麦など穀物（15kW分），さらに未熟ライ麦（残余分）が加わる。未熟ライ麦は，草地の牧草を10月に刈り取った後に播種され，翌年5月に収穫される。固定価格買取制で保証された売電から収益をあげるには，バイオガス発電の出力を高めることが必要になる。ところが，畜糞は有機物含有量が少なくメタンの発生量が少ないために畜糞を補完する原料が必要となる。ちなみに，牛糞が1トン当たり17㎥，豚糞で45㎥のメタン発生量にとどまるのに対し，穀物では320㎥，トウモロコシ・サイレージでは106㎥，牧草サイレージでは100㎥，未熟ライ麦では72㎥と，畜糞に大きく勝るメタン発生量である。とくにトウモロコシ・サイレージが原料として大きな位置をしめるのは，ホールクロップであるためにその単収が1ha当たり45～50トンと，一般穀物（実取り）の単収（6～7トン）を大きく凌駕するからである。こうして，レールモーザー経営でも，トウモロコシの栽培面積が経営農用地の半ば近くをしめることになったのである。

発電した電力はE・ON社に23セント/kWhで販売される。施設のメンテナンス等で年間2週間ほど発電を停止することを計算に入れると，年間の売電

額は140kW×24h×350日×0.23ユーロ＝27万480ユーロになる。生乳販売額20万ユーロの1.35倍に相当する。

　メタンガス発生後の消化液は液肥として両家の農地に散布される。コジェネレーターから発生する熱は両家の畜舎や住居の暖房用に活用され，追加の灯油暖房が必要なのは冬期の3～4週間に限られるという。バイオガス発電装置の運転経費の大半はメタン原料費であって，原料は共同法人がレールモーザー家と隣家から購入する形式をとっている。レールモーザー家の農家所得のうちバイオガス発電から得られる所得はほぼ35％に達するという。こうして，農業（酪農・肉用子牛育成）とバイオガス発電をともに，現在の規模で継続したいというのがレールモーザー家の経営戦略になっている。生乳価格が不安定であり，今後の乳価の見通しも立たないのに対して，バイオガス発電事業については20年間にわたる固定価格での買上げが保証されている。もちろんドイツでの近年のインフレ率は2.4％とインフレ傾向であるので，バイオガス発電にかかるコストも将来的には固定価格を上回る可能性も予測されないわけではない。しかし，ともかくも小規模バイオガス発電の買上固定価格が21～23セント/kWhに設定されていることが新設設備の減価償却，したがって初期投資の回収を保証しており，バイオガス発電事業が酪農経営にとって生き残りの大きな手段になっているのである。

② 　大規模養鶏（七面鳥）経営のバイオガス発電

　モーザー農場（経営主35歳）は年間13.5万羽の七面鳥を出荷する兄とのパートナーシップ型共同法人経営である。2005年にバイオガス発電事業を開始した。七面鳥糞のメタンガス発生量（82㎥/トン）が牛糞などより高いことに注目したという。

　最大発電出力2,200kWという大型ガスエンジンを設置した。熱出力は1,800kWである。メタンガス1次発酵槽は6,000㎥の地下埋設型のものが2基，それに2次発酵槽（1万2,000㎥）1基が設置されている。1次メタンガス発酵槽に設置された原料投入バケットも大型である。トウモロコシと牧草を

混ぜて圧縮・密閉したバンカーサイロは長さ100m幅15m高さ３mはあろうかというもので，サイレージのカットとバケットへの運搬はブルドーザーが利用されている。初期投資額500万ユーロはそのほとんどが自己資金であったという。大型七面鳥経営の収益性が高く，資本蓄積があったとみえる。

　農場全体で２人の通年雇用と作物収穫期に季節雇用が必要である。2,200kW出力のガスエンジンを回すバイオガス原料はたいへんな量を必要とし，13.5万羽の七面鳥糞をもってしても35％にとどまるので，トウモロコシ・サイレージ（40％），牧草サイレージ（20％），その他（５％）が補完原料となっている。そのために，自作地100haに加えて400haの耕地を借地し，合計500haの耕地でトウモロコシ200ha，小麦250ha，ライ麦50haを栽培している。ホールクロップされるトウモロコシは全量がバイオガス原料となり，小麦とライ麦は七面鳥の飼料にされる。加えて，ライ麦が栽培される50haについてはその刈取り後にバイオガス原料用に牧草と未熟ライ麦が栽培されている。この50haについても未熟ライ麦刈取り後はトウモロコシが作付けされる。七面鳥糞に加えてこれだけのバイオガス原料作物が栽培されても原料自給は50％にとどまり，残り50％分の原料は近隣15〜20km圏内の多数の協力経営からサイレージ用トウモロコシを購入し，それら経営にはバイオガス発生後の消化液を引き取ってもらうという連携である。モーザー氏にいわせれば，これは資源の「地域循環」ということになる。

　コジェネレーターで発生した熱を利用した90℃の温水が総延長３kmのパイプで運ばれ，住宅や七面鳥舎の暖房と，穀物や木材チップの乾燥に利用されている。発電した電力は17〜18セント/kWhで売電されるので，年間売電額はほぼ平均出力2,000kW×24h×350日×0.17〜0.18ユーロ＝286〜302万ユーロ，つまりほぼ300万ユーロという巨大な売電額になる。年間の農家所得は七面鳥販売とバイオガス売電が半々だという。モーザー氏がこの七面鳥とバイオガス発電の複合方式で経営規模をさらに拡大したいというのは当然のことであろう。ただし，バイオガス発電事業の収益性が高いことが畜産農業地帯で広く知られるようになったために，バイオガス原料のトウモロコシ栽

培農地の確保競争が激化し，それが借地料を引き上げているということである。モーザー氏が支払っている借地料は，バイエルン州の平均借地料250～300ユーロを超えて500～600ユーロ/haとかなりの高水準になっている。これが，モーザー農場のバイオガス発電規模の拡大には制約要件になるのは明らかである。

２）フランケン地方の有機肉豚肥育経営のバイオガス発電

　バイエルン州最北部ウンターフランケン地方レーン・グラプフェルト郡の200戸弱の小村ベストハイムにあるレーダー農場の経営主レーダー氏（43歳）は，同村の小規模農家の6人兄弟の末っ子であったが，1988年に23歳で独立して，村外に80頭の母豚で繁殖経営を開始している。15haの農地を相続し，その後農地を1ha当たり3万から10万ユーロで購入して40ha規模にまで拡大した。さらに現在まで150haを合計30～40戸から借地して190haの経営になっている。借地料は1ha当たり100～500ユーロである。

　2000年に有機農業に転換した。ドイツ最大の有機農業団体であるビオラン

購入子豚（25kg）を125kgないし250kgまで肥育

第6章　バイオガス発電事業と農業経営　123

レーダー農場のメタン発酵槽

ト（Bioland）に参加している。その直後2001年に発生したBSE騒動のなかでこの地域でも一気に有機農業が広がったという。

　現在の養豚は，子豚（25kg）を3週間毎にほぼ120頭，したがって年間約2,000頭導入し，①3か月間125kgまで育成肥育するものと，②さらに250kgまで肥育（ベーコン用脂身の評価が高い）する2種類の肥育方式を採用している。豚品種は，母豚がデーニッシュ，雄豚がデュロックである。

　190haの農地のうち永年牧草地30haを除く160haの耕地で，小麦40ha，大麦30ha，スペルト小麦15ha，トリティカーレ20ha，ジャガイモ10ha，クローバ40haの作付けである。麦類，ジャガイモが自給飼料となり，飼料自給率は約50％，残りは有機農家の穀物を購入している。

　農業労働力はレーダー氏以外に農耕用（トラクター運転）に1名，畜舎管理に1名，さらにバイオガス施設管理に1名の合計3名の男性を雇用している。

　再生可能エネルギーの取組みは，太陽光発電（農業機械庫，豚舎の屋根に太陽光パネルを張り130kWの出力）に始まって，2009年にバイオガス発電事業を開始した。当初は近隣農家数戸と協同事業でのバイオガス発電の導入

を検討したが，ベストハイム村内の住民が臭気を嫌っての反対が強かったために，やむなく規模を縮小して電力250kW，熱260kWの戸別バイオガス施設にした。

メタン原料は豚糞（毎週1回更新する麦わら厩肥）を年間1,800トン（メタンの発生50〜80㎥/トン）に加えて，クローバ40ha分と永年牧草地の牧草30ha分のサイレージ合計3,500トン（同180㎥/トン）に加えて，近隣の農家4〜5戸から購入する60ha分のサイレージ用トウモロコシ500トン（同200〜220㎥/トン）である。

年間の発電量は218万kWhであって，これを21セント/kWhで販売している。排熱は村内に延長1kmの温水管で小学校と村役場などに温水を6セント/kWhで販売している。バイオガス発電事業の販売額は，電力が45.8万ユーロ，熱が12.9万ユーロの合計58.7万ユーロである。養豚の純収益が年間10〜15万ユーロというから，バイオガス発電事業の販売額がその4〜5倍にもなる。

（2）バーデン・ヴュルテンベルク州の戸別バイオガス発電

ブルーメンシュトック農場（Bauernhof Blumenstock）は，第5章でみた有機農産物加工販売組織「シュベービッシュ・ハル農民的生産者協同体」に参加する畜産農家である。シュベービッシュ・ハル近郊のキルヒベルク村にある。

経営主（40歳台）によれば，弟・両親の4人家族労働力で経営し，常雇労働者を雇用しない「純家族経営」である。耕地200ha，草地15haという農用地規模で，300頭の肉牛（先のレールモーザー農場と同じまだら牛の体重80kgの子牛を3週間ごとに30頭導入し，体重600kgまで11ヶ月で肥育する）と母豚250頭（モーレンケップレ種ではない）・肉豚5,000頭出荷と経営規模としての大型経営である。耕地では小麦—大麦—トウモロコシを栽培する。肉牛と豚の飼料自給率は50％である。

2009年にバイオガス発電事業を開始した。初期投資300万ユーロは銀行借入れ（利子率3％）で，当初の出力は電力250kW・熱400kWであった。

第6章　バイオガス発電事業と農業経営　　125

消化液（液肥）の圃場散布（インターネットから）

　現在では出力400kWの発電機3台（合計年間平均出力800kW）による電力を21セント/kWhでエネルギー・バーデン・ヴュルテンベルク社（EnBW）に売電している。売電収益は，800kW×8,760時間×21セント＝147万ユーロになる。3台の発電機のうち1台は農場内に置き，その排熱はメタン発酵槽の温度維持（44℃）と農場用に利用している。他の発電機2台は農場から1.5kmの距離にある工場団地（中小企業8社）に置き，農場からメタンを地下パイプで送って発電し，排熱による温水を工場団地内の企業に売っている。電力と熱の販売収益の合計は年間300万ユーロを超え，肉牛・豚生産による純収益を上回るものになっているとみられる。

　1時間当たり600㎥発生するメタンの原料（1日当たり）は，畜糞（Mist）10トン，畜尿（Gülle）20トン，トウモロコシ・サイレージ20トンである。畜糞10トンのうち70％，7トンは近隣農家からの消化液との物々交換である。畜尿20トンは自給100％。サイレージ用トウモロコシ20トンのうちの自給は30％どまりで，70％は近隣6～7km圏の農家から25ユーロ/トンでの購入である。サイレージ用トウモロコシの必要量年間7,300トン（20トン/日）をまかなうためには1ha当たり50トンの収量で146haが必要である。その自給分

の30％，2,200トン（44ha相当）を除く5,100トン（102ha相当）が周辺農家からの購入分となる。購入価格25ユーロ/トンからすると，近隣農家には合計12.8万ユーロのトウモロコシ代金が支払われている。消化液は自家経営農地200haに撒布する以外に，400ha分が物々交換などに利用できる。

注

1) 山口聡「電力自由化の成果と課題―欧米と日本の比較」国立国会図書館『調査と情報』第595号，2007年，東田尚子「電力市場における競争と法（1）：ドイツにおける託送料金の規制を手掛かりに」『一ツ橋法学』第8巻第1号，2009年3月，熊谷徹『脱原発を決めたドイツの挑戦』角川SSC新書，2012参照。
2) Deutscher Bauernverband, *Situationsbericht 2014*, S.46.
　　EU委員会が組織したEU加盟全27か国の農協（主として販売農協）に関する大掛かりな調査結果は，旧東ドイツの2つの農協（Agrargenossenschaft Hessen e.G.とLandwirtschftliches Unternehmen Tangelman e.G.）が多機能型協同組合の方向に舵を切ったとし，そのひとつの選択肢が給油所，修理場，倉庫などライファイゼン施設型サービスの拡大であり，いまひとつの選択肢が電力と熱の双方の供給によるバイオエネルギー村づくり，バイオガス，太陽光発電や風力発電によるエネルギー生産であったとしている。
　　ヨス・ベイマン/コンスタンチン・イリオポウロス/クライン・J・ポッペ編著（㈱農林中金総合研究所・海外協同組合研究会訳）『EUの農協・役割と支援策』農林統計出版，2015年，166ページ。
3) 梶村太一郎「ポスト原子力時代へ歩むドイツ新政権」『世界』2014年4月号参照。
4) パワーポイントデータ：Weitermeyer, Inge, Bioenergy village Jühnde The first one in Germany, 31.01.2013.
5) 梅津一孝・竹内良曜・岩波道生「先進国におけるバイオガスプラントの利用形態に学ぶ～北海道における再生可能エネルギーの利用促進に関する共同調査報告書～」独立行政法人農畜産業振興機構『畜産の情報』2013年6月号参照。

第7章

協同バイオガス発電による経営多角化

1．「農民協同」によるバイオガス発電

(1) アグロクラフト・グロスバールドルフ有限会社

　バイエルン州北部のウンターフランケン地方レーン・グラプフェルト郡のバイオガス発電施設は2011年末に10施設となり，発電出力は合計6,000kWで平均600kWに達した。1施設当たりの出力が大きいのは，郡内の施設が畜産経営と穀作経営が数十戸単位で協同して立ち上げる施設が大半だからである。協同バイオガス施設に穀作経営が参加するのは，すでにみたようにメタン発酵原料作物トウモロコシの追加供給が期待されるからであって，つまりメタン発酵原料供給者としての参加である。そして，これら農民が協同で立ち上げた発電施設は，発電から得られる収益が参加農民だけに分配される「農

グロスバールドルフ（左），アグロクラフト・グロスバールドルフ有限会社のバイオガス施設（右）（いずれも同村のインターネットより）

民協同」(Bauerngemeinschaft) 組織だとされている。

そのひとつ，2011年11月に，グロスバールドルフで立ち上げられた「アグロクラフト・グロスバールドルフ有限会社」(Agrokraft-Großbardorf GmbH) をみる。

同社の初期投資額は370万ユーロで，コジェネレーターによる発電は625kW，熱供給量は680kWの規模で，年間発電量は約500万kWhにのぼる。なお，ガスエンジンから出る排熱は，農家だけでなく同村の住民すべてが自由に参加できるF・W・ライファイゼン・エネルギー・グロスバールドルフ協同組合 (Friedrich-Wilhelm Raiffeisen / Energie Großbardorf e.G.) が運営する地域暖房の熱源として販売されている。

この農民協同発電施設には，有限会社方式で村内の全14経営を中心に，村外の半径8km圏内の30経営を含めて，合計44経営の農業者が参加している。参加の要件は，1株2,500ユーロの出資に対応して，1ha分のホールクロップのサイレージ用トウモロコシ（45〜50トン）を1トン当たり35ユーロという有償でバイオガス施設に供給する義務を負うという方式である。大型のバンカーサイロ2基で総量1万トンに近いホールクロップ・トウモロコシを1年かけて発酵させている。

44経営の出資総株は250株であるので，トウモロコシ栽培面積は村内の50haに加えて合計250haに相当する。ところが実際には，養豚経営1経営と酪農経営4経営（乳牛頭数はいずれも60〜80頭規模）の参加（出資株数合計70株）があるので，トウモロコシは180ha分（計8,100〜9,000トン）で，残りの70ha分は1ha当たり300㎥の畜糞（計2万1,000㎥）——1トン当たり4.50ユーロの有償——がバイオガス原料として供給されている。ホールクロップ・トウモロコシや畜糞のバイオガス施設への運搬は参加農家それぞれの作業による。消化液（液肥）は，参加経営の農地にその出資高に応じて戻され，その運搬と散布も参加経営それぞれの作業である。散布時期は，「バイエルン州農業環境景観保全プログラム」(KULAP) で規制されている。

発酵槽には併設したバケットから発酵したトウモロコシ22.3トンと畜糞6

第7章　協同バイオガス発電による経営多角化　129

巨大なバンカーサイロ造り作業

トンが毎日投入されるが，その作業は従業員2名が担当する。

　トウモロコシの栽培面積180haは，村内だけでなく半径8kmのエリアで農地面積の7％に抑えることで，過剰作付けが防がれている。それが，トウモロコシ―冬大麦―小麦の輪作の維持につながっている。肥沃度維持のために，ナタネに間作物（ルーサンなど）を加えた新たな穀物主幹作付順序方式が模索されている。加えて，メタンガス発生後の消化液が液肥として撒布される。液肥の1㎥の肥料分は窒素4.4kg，リン酸1.2kg，カリ3.9kgである。液肥撒布量が9,800㎥あるので，化学肥料を窒素肥料160トン，リン酸肥料26.1トン，カリ肥料95.5トンを節約でき，その撒布のためにダンプカーを走らせる必要もないのが大きなメリットだという。

　トウモロコシの栽培は44戸の1戸平均では4haが当てられており，収量45～50トン/haで，1トン当たり35ユーロでの供給であるので，1戸当たり平均で35×4×（45～50）＝6,300～7,000ユーロの販売収入が穀作経営にも保証されている。

　こうして戸別バイオガス発電へのオルタナティブとしての協同バイオガス施設は，畜産経営だけでなく兼業穀物経営にも出資とバイオガス原料供給（販売）による所得確保のチャンスを与えている。

ホールクロップ・トウモロコシをバイオガス発電施設に運ぶ運搬車

(2) 大型肉豚経営クレッフェル農場とバイオガス発電事業

　グロスバールドルフのバイオガス発電事業の中核を担う経営が，大型肉豚経営クレッフェル農場である。経営主のマティアス・クレッフェル氏（50歳）は，肉豚経営の傍らアグロクラフト・グロスバールドルフ社のマネジャーであり，隣村バート・ケーニヒスホーフェンの協同バイオガス発電「ビオエネルギー・バート・ケーニヒスホフェン社」のマネジャーをも兼務している。

　農用地規模130haのクレッフェル農場は，村内に残る14経営（うち7戸は副業経営）のトップクラスの位置にある。130haの農用地はすべて耕地で，うち自作地は60ha，借地が70haである。自作地は30年前，父が経営主であった時代までは15ha規模であったが，現在の経営主マティアス氏が経営を担うようになった1980年代から90年代にかけて，毎年1～2haずつ耕地の買取りで60haにまで拡大した。当時の農地価格は現在の半分以下で，1㎡当たり0.7～0.8マルク（7,000～8,000マルク/ha）であったという。借地70haの借地料は肥沃度によって差があるが，1ha当たりほぼ200ユーロから400ユーロで，バイエルン州内では平均よりやや低い水準になっている。借地相手は25家族を数え，平均面積ではわずか2.8haである。この地域では激しい

耕地分散がみられ，それは農地の均分相続の歴史があって零細農家が多数成立していたことが原因である。平均2～3ha規模の売買・貸借であっても，基本的にそれは地片単位ではなく，零細経営の離農にともなう農地売却や貸付けという農場単位であったところにこの地域の農業構造の変化の特徴がある[1]。

さて，クレッフェル農場の畜産は父が経営主であった時代には，集落内の住居に接続した畜舎での豚と乳肉兼用牛の複合的畜産であった。これを1979年に集落の外に，400頭飼育用と800頭飼育用の2棟の大型豚舎を建設して，養豚専業経営の道を選択した。

年間2,500頭出荷する肉豚生産に必要な飼料は90％自給である。小麦の70％（35ha×7トン＝245トンの70％）172トン，大麦全量（30ha×7トン）210トン，実取りトウモロコシ全量（10ha×8トン）80トン，計462トンが自給飼料になっている。これに挽割り大豆やミネラルが追加飼料として購入される。

子豚の買入れから，育成と肥育，出荷の流れは下のとおりである。

	400頭豚舎 （育成用）	800頭豚舎 （肥育用）	
子豚買入れ （生後4週間 生体重8kg）	13週間育成 （35kgまで）	25～26週間肥育 （125kgまで） （計38～39週）	出荷 150頭/3週間 年間2,500頭
購入価格 60ユーロ/頭			出荷価格 190～215ユーロ/頭

クレッフェル農場の雇用労働力と機械装備をみよう。

経営主マティアス氏50歳を中心に，妻45歳，父83歳の家族労働力に加えて，雇用労働力は男子1人を通年で週50時間雇っている。うち25時間は農場作業・機械修理（時間給15ユーロ），残りの25時間はバイオガス施設関係の仕事（豚糞・トウモロコシの運搬，液肥散布など，土曜日の就業もあるので時間給20ユーロ）での雇用である。雇用労賃は4万5,500ユーロの支払いに加えて，

賃金のほぼ50％に相当する社会保障掛金（疾病保険・年金保険・失業保険・介護保険）の50％が雇用主負担となる。したがって雇用労働者1名に掛かる経費は約5万7,000ユーロになる。農業機械作業に熟練した労働者1人の雇用に要する賃金等年間支払額が6万ユーロに近い高水準であるということは，作業の機械化が進んだ一般的農業では雇用に依存した企業的経営への展開を躊躇させるに十分である。

耕地での作物栽培・収穫に必要な農業機械は，①トラクター3台（180馬力1台，100馬力1台，60馬力1台）と，②輸送機械3台（計16トンの輸送力）を所有している。③耕作機械（ハロー，条播機，肥料散布機など）は，村内の70ha規模経営，30ha規模経営の2経営との共同所有である。さらに，高額の④大型コンバイン1台（アメリカ・ジョンディア製23万ユーロ）と⑤液肥散布機1台（5〜6万ユーロ）は，上の2経営に加えて同じく村内の5経営を加えた7経営との共同所有である。この5経営は150ha規模，130ha規模，70ha規模，60ha規模，25ha規模である。すなわちクレッフェル農場を中心に8経営で「アグロチーム」（Agroteam）を編成し，穀物収穫と液肥散布作業を共同化している。この両作業については，アグロチームが行う共同作業が村内耕地の80％のシェアとなる。現代ドイツの専業家族経営において大型農業機械の共同所有と共同利用が広がっているのを読み取れる。

バイオガス発電事業への参加にともなって，クレッフェル農場の作物栽培には以下のような変化が生まれている。

耕地130haでの作物栽培は，小麦35ha，冬大麦30ha，実取りトウモロコシ10ha，サイレージ用トウモロコシ20ha（収量50トン。ただし気象によって25〜70トンと収量変動が大きいという），油糧種子（ナタネ）25ha，計120haである。残りの小川沿いの不作付地10haは，バイエルン州が助成金給付対象としている環境保全地（Ökoflächen）である。協同バイオガス発電事業への参加以前（2005年110ha）では，小麦30ha，冬大麦同じく30ha，トリティカーレ13ha，ナタネ30haと甜菜が7haであった。バイオガス原料のサイレージ用トウモロコシの栽培はなかったのである。

耕地での現在の作付順序方式は，①地力がやや高い耕地では，サイレージ用トウモロコシ（4月末に2週間かけて播種・9月末刈取り）—小麦（9月末・10月初め播種・翌年8月中旬収穫）—冬大麦（9月20日播種・翌6月中旬収穫），②地力の低い耕地では，サイレージ用トウモロコシの代わりにナタネ（8月20日播種・翌年8月15日刈取り）—小麦—大麦になっている。

地力の維持のために，冬大麦の後作・サイレージ用トウモロコシの前作としてルーサンなどを間作物（Zwischenfrüchte）として8月初めから翌年6月まで入れる。サイレージ用トウモロコシは不耕起で播種する。肥料は豚糞の50％（300㎥/ha），バイオガス施設から供給される液肥が中心で，化学肥料としては窒素だけが追加投入される。

クレッフェル農場は，グロスバールドルフのバイオガス発電事業の立ち上げをリードした経営である。出資額は1株2,500ユーロの出資を15株，3万7,500ユーロと大型の出資である。

これに対応するバイオガス原料は，①10ha分のサイレージ用トウモロコシ500トンをトン当たり35ユーロ，計1万7,500ユーロでの，②5ha相当の豚糞1,500㎥（1ha＝300㎥）をトン当たり（1㎥がほぼ1トンに相当）4.50ユーロ，計6,750ユーロでの供給で合計2万4,250ユーロになる。クレッフェル農場はこのバイオガス発電施設への豚糞運搬や液肥散布で雇用労働者1人を週25時間雇用している。その労賃支払いだけで2万6,000ユーロになるので，バイオガス原料供給から得られる収入は労賃支払い経費で消える。ただし，このバイオガス関連作業があることで，自給飼料用の穀物部門だけでは通年雇用が困難な農業機械修理もできる熟練労働者を雇用できる。また液肥を得られることが化学肥料の節約を可能にしている。

好調なバイオガス発電事業がもたらす高率の出資配当（出資1株＝原料供給1ha分当たり750ユーロ，配当率30％）が合計1万1,250ユーロある。これが経営計算上ではバイオガス発電事業への参加が生み出している純収益である。

ちなみに，クレッフェル農場が受給するEUやバイエルン州からの助成金が，①デカップリング直接支払い（EU助成金）が300ユーロ/haで130ha・3万

9,000ユーロ，②条件不利地域対策平衡給付金（60ユーロ/ha）が130ha・7,800ユーロ，③環境保全地助成金（バイエルン州の農業環境助成KULAP）が500ユーロ/ha（農地肥沃度指数50に相当）で10ha・5,000ユーロある。これら助成金の総額は5万1,800ユーロにのぼる。

バイオガス部門の粗収益は，トウモロコシ供給1万7,500ユーロ，豚糞供給6,750ユーロ，出資配当1万1,250ユーロの合計3万5,500ユーロである。これはクレッフェル農場がEUやバイエルン州政府から受給する助成金5万1,800ユーロの69%，すなわち3分の2強に相当する。また，出資配当は130haある経営農用地面積に対しては1ha当たり86.5ユーロとなり，この農場が受給する②条件不利地域対策平衡給付金60ユーロ/haを上回る。

クレッフェル農場のバイオガス原料への販売を除く農産物販売額は，①肉豚2,500頭（1頭当たり188～213ユーロ）47万～53万2,500ユーロと，小麦68トン（収穫量の30%をトン当たり200ユーロで販売）1万3,600ユーロの合計48万3,650～54万6,150ユーロである（**表7-1**）。農産物販売額合計約50万ユーロに対して，現金支出経費で大きいのは素豚購入費15万ユーロ（125kgまで肥育した成肉豚出荷額合計のほぼ30%）と雇用労賃1万9,500ユーロ（保険料等雇用主負担を加えると2万9,250ユーロ）である。

ちなみにバイエルン州政府の最新の「2009年度簿記統計調査結果」では，バイエルン州北部地域の養豚を含む加工型畜産経営では，畜産物販売額（農用地1ha当たり）は平均3,685ユーロ，畜産部門物財費は同じく2,093ユーロ（56.8%）となっている[2]。この物財費比率57%をクレッゲル農場に当てはめると，肉豚販売の純収益額は27万～30万ユーロという水準になる。

かくして，クレッフェル農場にとってのバイオガス発電事業への参加による収入3万5,500ユーロは，この農産物販売による純収益27万～30万ユーロに対しては12～13%に相当する。また，EU等からの助成金5万1,800ユーロに対しては69%に相当し，決して小さくない。これに加えて，クレッフェル氏には，アグロクラフト・グロスバールドルフ社マネジャー，さらに隣村バート・ケーニヒスホーフェンのバイオガス発電事業「ビオエネルギー・バー

表7-1 クレッフェル農場の経営計算（2012年）

		量	単価（ユーロ）	合計額（ユーロ）	備考
養豚部門	素豚購入費	2500頭	60/頭	150,000	飼料90%自給
	肉豚販売	2500頭	1.5～1.7/生体kg	470,000～532,500	125kg/頭で出荷
穀物部門	小麦販売（30%）	68トン	200/トン	13,600	
	雇用労賃	1人・週25時間	農場作業15/時間	19,500	
	借地地代	70ha	200～400/ha	21,000	平均300ユーロ/ha
バイオガス部門	トウモロコシ供給	500トン	35/トン	17,500	10ha相当分
	豚糞供給	1,500m³	4.50/トン	6,750	5ha相当分
	出資配当	15株	750/株	11,250	1株2,500ユーロ
	雇用労賃	1人・週25時間	バイオガス作業20/時間	26,000	
助成金	デカップリング直接支払い	130ha	300/ha	39,000	
	条件不利地域平衡給付金	130ha	60/ha	7,800	
	農業環境支払い	10ha	300～700/ha	5,000	平均500ユーロ/ha

出所：M.クレッフェル氏からのヒヤリングによる。

ト・ケーニヒスホーフェン社」マネジャーとしての報酬が加わる。こうしてバイオガス発電事業への参加は，大型畜産経営に新しい多角化の可能性をもたらすことになった。

　養豚経営M・クレッフェル経営の場合は，
これまで：農業――耕種農業（130ha）＋肉豚（年間1,000頭出荷）
　　　　　投資――生命保険＋貯蓄
これから：農業――耕種農業（130ha）＋肉豚（年間2,500頭出荷）
　　　　　グロスバールドルフ農業チーム（糞尿散布・共同穀物収穫）参加
　　　　　投資――生命保険＋貯蓄
　　　　　バイオガス発電事業への参加（豚糞・トウモロコシ供給義務つき出資）
　　　　　ビオエネルギー・バート・ケーニヒスホーフェン社（マネジャー）
　　　　　アグロクラフト・グロスバールドルフ社（マネジャー）
　　　　　村民太陽光発電事業への参加（出資）
　　　　　アグロクラフト社（マネジャー）

クレッフェル氏が2,500頭出荷の大型肉豚経営でありながら，2つの協同バイオガス発電施設のマネジャーを兼務できるのは，肉豚経営では酪農に比べて求められる労働力量がずっと小さいことが背景にある。ちなみに，全国的なデータでは，2010年では1完全労働力（AK）で飼育できる乳牛は79頭であるのに対し，肉豚では2,059頭となっている[3]。もちろん，豚糞の農場からバイオガス施設の運搬や，消化液（液肥）の圃場への撒布作業は雇用労働力を必要にしている。

　クレッフェル氏自身が語る「2030年における経営展望」は，バイオガス発電施設から得られる排熱を利用して，若い世代が参加する「施設園芸」や共同酪農経営をグロスバールドルフに起こすことにあるという。

2．エネルギー作物原料の大型バイオガス施設にストップ指令

　2013年9月の総選挙の結果を受けて，3カ月に近い大連立交渉を経て年末12月にいたってキリスト教民主・社会同盟と社会民主党による大連立第3次メルケル政権が成立した。

　この大連立政権は「連立協定書」で，エネルギー大転換をさらに推進するとして，2022年末までに全廃される原発に代わるエネルギー供給を再生可能エネルギーへの転換で充足させるとしたうえで政策指針を掲げた。

　エネルギー政策には，①気候と環境への障害の排除，②供給の安定確保，③支払いが可能，であることの3点の前提条件のうえに，以下のような目標を提示した。

(1) 現行のEEG法の改正で，新たに建設される再生可能エネルギー発電の枠組みを改める。改正法には，再生可能エネルギー発電の割合を2025年までに40％から45％へ，35年までに55％から60％にまで増加させる目標を明記する。

(2) 太陽光発電をこれまでと同様に促進する。

(3) バイオガス発電はトウモロコシの過剰な栽培などで有害であるので，

原料を廃棄物と余剰物に制限する。
(4) 海上風力発電の現実的目標として2020年までに650万kWとする。30年には1,500万kW目標としたい。
(5) 水力発電も従来通りとする。
(6) 二酸化炭素排出量を1990年対比で2020年までに少なくとも40％削減する。欧州委員会が計画している二酸化炭素排出権取引許可証の市場での一時的抑制は必要である。
(7) エネルギー利用の効率化はエネルギー大転換の第2の柱である。発電と熱利用のコジェネレーションの促進，エネルギー節約のための家屋改造，効率的な交通手段や家電の普及を法律でさらに促進する。

バイオガス発電について，メタン原料にエネルギー作物，とくにサイレージ用トウモロコシの，とくに酪農地帯では「トウモロコシだらけ」（"Vermaisung"，連立協定書に盛り込まれた造語）とでもいうべき過剰作付け状態となり，①海外とくに南米からの飼料穀物輸入の増加で世界の食料問題を悪化させる，②環境にやさしい粗放農業への転換に逆行する，③有機農業団体からは地代高騰の元凶であるなどの批判が高まったことから，バイオガス発電については家畜糞尿と食品廃棄物等にメタン原料を限定すべきことが指針とされることになったのである。

この大連立政権政策指針にもとづいて，2014年6月27日にドイツ連邦議会はEEGの2014年改訂を採択した[4]。

改訂の要点は，以下のとおりである。

出力が100kWを超えるバイオガス新施設は，天然ガス網への接続奨励プレミアムの枠内で，漸次，天然ガス網への直接接続を義務づける。

① 2012年改正で導入された原料によるプレミアム（エネルギー作物を原料とするカテゴリーⅠ，家畜糞尿などを原料とするカテゴリーⅡ，バイオマス廃棄物の3区分）を補償なしに廃止する。基本補償金だけが継続される。

② バイオマス廃棄物施設による電力は，今後も継続して基本補償金を超え

て補償される。
③ 出力75kW未満の糞尿原料施設の買取価格は引き続き25セント/kWhとする。
④ 出力が100kW以上の新設施設は買取量を発電量の50％に留める。
⑤ 2012年改訂で導入された「始動や停止が容易な、つまり出力融通型メタンガス施設へのプレミアム」（Flexibilitätsprämie）は、出力100kW以上施設については買取停止時の出力融通割増金（Flexibilitätszuschlag）に転換する。出力融通割増金は出力規模に関係なく40セント/kWが20年間保証される。

かくして、既存のバイオガス発電施設の将来的存続を認めるが、出力融通型施設への転換を促し、小規模な家畜糞尿やバイオ廃棄物を原料とするバイオガス発電施設の建設にストップはかけないもののエネルギー作物の奨励は廃止するということになる。

ドイツ・バイオガス協会は2014年のバイオガス発電施設の新設が110施設に留まると予測しているが、EEG2014年改訂は2005年以降のバイオガス発電施設建設ラッシュに待ったをかけたのである。

メタン原料のエネルギー作物としてのトウモロコシの栽培面積の伸びは、ドイツでの「再生可能原料作物」の栽培面積が大きく伸びてほぼ230万haにまでになっていることと符合する。工業原料作物が合計31.7万ha（うちデンプン原料作物が16.5万ha、油脂作物が13.1万ha）と作付けは停滞しているのに対し、エネルギー作物は、バイオディーゼル・油脂用のナタネが91.0万ha、バイオガス原料作物が80.0万ha、さらにバイオエタノール製造用の砂糖・デンプン作物が25.0万haになっている。

バイオガス発電施設の2005年以降の倍増にともなって、全国で120万ha台にあったサイレージ用トウモロコシ栽培面積は2012年には203.8万haへ80万ha強も増加した（**表7-2**）。この年の種実用を含むトウモロコシ栽培面積合計は全国で256.4万haである。州別にはニーダーザクセン州の62.1万ha（うちサイレージ用51.5万ha）とバイエルン州の53.2万ha（同40.2万ha）が目立つ。

表7-2 トウモロコシ栽培面積（2012年）

単位：万ha

	種実用	サイレージ用	合　計	耕地面積	%[1]
バーデン・ヴュルテンベルク州	7.47	12.04	19.51	82.93	23.5
バイエルン州	13	40.22	53.22	205.22	21.1
ヘッセン州	0.71	4.75	5.46	47.67	11.5
ニーダーザクセン州	10.61	51.48	62.09	186.38	33.3
ノルトライン・ヴェストファーレン州	10.85	18.39	29.24	105.23	27.8
ラインラント・プファルツ州	1.12	3.32	4.44	40.18	11.1
ザールラント州	0.02	0.4	0.42	3.73	11.3
ザクセン州	3.07	7.55	10.62	72.07	14.7
ブランデンブルク州	3.02	16.47	19.49	103.19	18.9
メクレンブルク・フォアポンメルン州	0.62	14.57	15.19	108.33	14
ザクセン・アンハルト州	1.51	11.01	12.52	100.15	12.5
シュレスヴィヒ・ホルシュタイン州	0.14	18.07	18.21	67.43	27
チューリンゲン州	0.47	5.41	5.88	61.29	9.6
全　国	52.62	203.8	256.42	1,184.67	21.6

出所：Statistisches Bundesamt, DMK.
注：1) トウモロコシ栽培面積合計の耕地面積に占める割合。

耕地面積はニーダーザクセン州が186.3万ha，バイエルン州が205.2万haであるので，両州ではそれぞれトウモロコシ栽培面積が耕地の33.3％，21.1％を占める。次に大きいノルトライン・ヴェストファーレン州のトウモロコシ栽培面積29.2万haは耕地面積105.2万haの27.8％である。先の図6-4でみたように，ニーダーザクセン州やバイエルン州などバイオガス施設の設置が濃密である地域で，夏季にはトウモロコシが耕地の4分の1から3分の1を占めるという景観は，まさにトウモロコシの単作ないし過剰作付け，「トウモロコシだらけ」として批判的にみられる状況にあるということであろう。

注

1) 旧西ドイツにおける農場相続制度は，北ドイツとバイエルン地方の大部分およびシュバルツバルトでは通常は長男による一括相続（Anerbenrecht）の伝統であったのに対し，ラインラント，ザールラント及び中位山地地域など西南ドイツには均分相続（Realteilung）の伝統があった。桜井明久『西ドイツの農業と農村』古今書院，1989年，26ページ参照。さらに，ルドルフ・ヘスラー報告（石光研二通訳・解説）1993年6月17日・農政研究センター国際部会セミナー「ドイツにおける農業相続法」小倉武一編著『鬱陶しいドイツ・旧東独農業の解体と再生』農文協，1993年，165～193ページ。伊藤栄『ドイ

ツ村落共同体の研究・増補版』（弘文堂書房，1971年）などを参照。

　ドイツ農業の主要栽培地帯（Anbauzonen）について，G・ブロームは，「ドイツは，冬温和な中緯度帯の圏内に位置しているうえ，海洋の影響を受ける湿潤な気候である。ただ東部地域にだけは広大なロシア大陸の影響が多少みられるから，これら地域はもはや"大陸性漸移気候"地帯といえる。高地を除けば，ドイツ全域で農作物に約2,600度までの積算温度が供されている。」とし，積算温度約2,700度が必要な実取りトウモロコシは南ドイツのごく限られた地域での栽培に適し，大豆やイネの栽培の温度条件の地域は存在しないとしたうえで，第1地帯：北西ドイツの草地地域，第2地帯：アルプス北麓と中部山地の高標高地（海抜600m以上）の草地地域，第3地帯：バルト海沿岸の飼料作地域，第4地帯：東部・西部ドイツの砂質土壌地，第5地帯：小麦・甜菜土壌，第6地帯：南西ドイツの峡谷，盆地地勢のブドウ気候という6つの地帯に主要栽培地帯を分類している。本書でとりあげたバイエルン州は，ブロームによれば第2地帯であるアルプス北麓と中部山地の高標高地（海抜600m以上）の草地地域であって，最も優れた耕地土壌をもつ第5地帯：小麦・甜菜土壌（甜菜・穀作経営が主要経営方式であって，黒色土壌が広がるマグデブルク沃野が典型地域）に比べると，農業条件はずっと劣る。G・ブローム（都築利夫訳）『農業経営学総論』家の光協会，1972年，99～112ページ。

2 ）レーン・グラブフェルト郡やグロスバールドルフの再生可能エネルギーやそれを担う農業経営については，2011年11月，12年12月，13年4月，15年1月・9月と5度にわたる訪問調査によって得られたデータをもとにしている。とくに，アグロクラフト社マネジャーであるM・ディーステル氏の，バート・ノイシュタットの同社本部事務所での2012年12月5日プレゼンテーション資料によるところが大きい。Diestel, M., "Renewable energies in rural areas: How to secure the value created for residents, how to benefit from the potential locally or: A FWR energy cooperative for every village"

　アグロクラフト社はこのグロスバールドルフのアグロクラフト・バイオガス施設を筆頭に，シュトロイタール村のアグロクラフト・バイオガス施設（2施設に45経営参加），バート・ケーニヒスホーフェン村のビオエネルギー・バイオガス施設（35経営参加）などを，郡内に適切に配置することでトウモロコシの過剰作付けと遠距離輸送を防ぐ戦略を意識的に採用している。

3 ）Fachverband Biogas e.V.－Bewertung der Beschlussfassung zum EEG 2014 der Bundesregierung; Stand: 27.06.2014（インターネット）

4 ）Fachagentur Nachwachsende Landwirtschaft um Rohstoffe（FNR）のインターネット資料やBayerisches Staatsministerium für Ernährung, Landwirtschaft und Forsten, *Bayerisches Agrarbericht*, Tabelle 46., S. 49. による。

終章

「資本型家族経営」の多角化戦略

　1980年代に始まる現代グローバリゼーションと金融資本主義体制は，戦後の先進国をしてケインズ経済学を拠りどころにした社会福祉国家づくりとガットの国際協調主義を転換させ，多国籍企業帝国主義とも特徴づけられる新古典派経済学にもとづく新自由主義と競争原理を前面に押し出した激烈な国際競争社会を生み出している。

　そのもとで，国際社会は低開発途上国における飢餓問題の解決に手をこまぬき，農業分野では途上国だけでなく先進国でも「国際的農業危機」に苦しんでいる。

　本著は，国連が小規模家族農業経営を支援し，それへの投資を拡大することこそが世界の食料保障問題の解決につながるとして提起した「2014国際家族農業年」と，その理論的根拠を提示した研究，すなわち国連世界食料保障委員会専門家ハイレベル・パネル『家族農業が世界の未来を拓く・食料保障のための小規模農業への投資』に大きな刺激を受けたものである。すなわち国際的農業危機のもとにあって，西欧やカナダには，国際的農業危機から抜け出すためのオルタナティブ，すなわち①景観と自然財の維持，②生物多様性の保全，③保水，④エネルギー生産，⑤地球温暖化の緩和等の政策を推進するうえで，小規模農家がその主たる担い手になっているという指摘である。

　さて，ドイツでは，2011年3月11日の東京電力福島第一原発の過酷事故を受けて，メルケル政権がいち早く脱原発に方針転換し，再生可能エネルギーに活路を見出す「エネルギー大転換」に踏み出した。農村では太陽光や風力発電事業が「エネルギー協同組合」の設立で推進され，家畜糞尿やエネルギー作物をメタン原料とするバイオガス発電事業が農家を担い手として急増し

た。

　EU農政とドイツ農業の動きを追跡してきた私は，全ドイツで「100％再生可能エネルギー地域づくり」運動が展開される動きに驚かされ，数次にわたって南ドイツでの現地調査を行い，農業危機に対抗する家族農業経営の実際をみてきた。

　分析に際しては，現代の南ドイツの家族農業経営が，農業危機のもと急激に中小経営が解体するなかにあって，その農地を借地することで経営規模を飛躍的に拡大し，大型農業機械を装備した「資本型家族経営」類型にあるものとした。

　第１章と第２章で，1990年代なかばまでの各国の農業保護を前提にしたガット体制がWTOの農産物自由貿易体制（1995年～）に転換され，農産物価格支持政策の放棄と所得補償直接支払いへの転換（EUではいわゆるCAP改革）という農政転換にともなう農業保護水準の削減が農業経営に与えた条件変化を特徴づけた。

　第３章から第５章では，1970年代にEUで浮上した農産物過剰問題へのEU委員会の対策がマンスホルト・プラン「農業構造政策」として展開されるなかにあって，ドイツの南部地域バーデン・ヴュルテンベルク州やバイエルン州での州独自の農村環境政策による農家支援や，家族農業経営とその生産者組織の維持展開への支援を農政の基本に置いた「バイエルンの道」とマシーネンリンクを取り上げ，農民層分解促進の構造政策に対するオルタナティブを分析した。また，価格支持政策の後退がもたらした農産物価格の低迷に対処して経営維持を有機農業に見出す運動がとくにこれまた南ドイツで広がった実態をみた。

　そのうえで，第６章と第７章ではバイエルン州を中心に，農村での再生可能エネルギーによる地域活性化の取組み，農業経営のバイオガス発電事業への本格的な参加を分析し，農業生産に加えてエネルギー生産による経営多角化で経営存続を図るという最新の農業経営の存在構造を明らかにした。

　南ドイツでは，「資本型家族経営」への類型的進展を遂げた農業経営は，

EUの直接所得補償支払いや条件不利地域対策平衡給付金，さらに農業環境支払いなどの公的助成金に大きく依存しつつ（家族労働報酬の半ばは公的助成金に依存している），
(a) EUの原産地呼称・地理的表示認証制度も活用した有機農業展開，
(b) 小規模所有林地で得られる木材チップ原料のバイオマス熱エネルギー生産による新たな農林複合経営，
(c) 家畜糞尿に加えてトウモロコシ・サイレージ，牧草サイレージなどをメタン原料とするバイオガス発電の取込みによる新たな多角化が地域農業を担う基幹経営の経営維持を支えている。

その階層構造としては，
① 農用地面積がほぼ100ha未満の経営主が農外就業しながら穀物栽培・収穫機械作業をマシーネンリンクに補完された「穀作経営」，
② 農用地面積が100〜200ha規模の「畜産主幹耕種複合経営」，
③ 少数ではあるが農用地面積が200ha超える「大型畜産経営」

という3階層への分化がみられる[1]。

アメリカ産穀物価格が規定する国際価格水準に引き下げられたドイツの穀物価格水準のもとでは，南ドイツの家族農業経営地帯では，穀物販売を収益源とする穀作専門経営は専業経営としての存在はきわめて困難である。穀作専門経営をかろうじて維持できているのは，サイレージ用トウモロコシに代表されるメタン原料作物の栽培とバイオガス発電所への販売のある経営である。

一般農業における専業経営としての展開は，穀物栽培を販売目的ではなく家畜飼料自給目的とする畜産主幹耕種複合経営としての展開にほぼとどまる。

上述の3つに分化した経営の①，②経営では常雇労働者の雇用はまれである。農用地面積が200haを超える③酪農や養豚の大型畜産経営にあっても常雇労働者は1〜2名にとどめ，夏の飼料収穫期には季節雇用数名で補完することで，家族労働力を中心にした家族経営の枠内にある。ドイツの勤労者一般に対する賃金支払いと社会保険料負担の高水準のもとでは，情報機器搭載

の大型農業機械の運転や修理ができる労働者の雇用は抑制せざるをえず，大型農業経営であっても「企業的家族経営」を超えて資本家的企業に上向するのを阻んでいる。社会保障の雇用主負担を含む雇用労賃が20～25ユーロ/時間もするとあっては，家族労働力を超える複数の常雇労働者に農作業を任せるという選択は経営計算上成り立たない。資本家的企業経営の展開が可能なのは，単純な手作業の占める割合が高く，低賃金外国人労働者を雇用できる果樹園芸農業や養鶏などに限られる。

　そして，上の3つに分化した経営の多くがバイオガス発電事業の導入による経営多角化に経営・所得維持の道を見出したところに現代南ドイツの家族経営の存在構造の特徴がある。

　農外就業兼業穀作経営はメタン原料用にサイレージ用トウモロコシや牧草を栽培作物に選択することで農業所得を増やして，兼業農家としての経営維持機会を獲得した。地域に酪農など畜産経営の存在が希薄であっても，メタン原料をサイレージ用トウモロコシに100％依存するバイオガス発電事業も存在する。そして，サイレージ用トウモロコシ用機械の新規導入なし兼業穀作経営にトウモロコシ栽培を可能にしたのが，その播種・刈取機械作業をマシーネンリンクを通じて機械を保有する大型畜産経営や作業請負会社に委託できるシステムの存在であった。畜産主幹耕種複合経営と大型畜産経営は，機械設備投資規模の拡大に共同所有とマシーネンリンク利用で対応し，バイオガス発電事業という経営多角化・所得確保による経営維持を図っている。

　ちなみに，農村活性化にはできるかぎり多数の自立的農業経営の存在が求められるとするバイエルン州政府農政にとって，バイオガス発電に代表される再生可能エネルギー生産による経営多角化と農家所得複合化の進展は，経営の安定性と危険回避能力を高め，家族員の就業場面の拡大にも貢献するものとして肯定的に評価できるものとなっている。

　「2012年バイエルン州農業報告」によれば，経営規模5ha以上の約9万7,900経営のうち3万4,400経営が少なくともひとつの農外所得源をもっているが，農外所得源としてきわだっているのが林業（39.9％の経営）と再生可

能エネルギー（同39.6％）である。林業が高い割合になっているのは，素材生産に加えて地域暖房用バイオマス（木材チップ）生産が近年急増していることによるものであろう。再生可能エネルギーのなかには風力発電，太陽光発電，バイオガス発電施設をもつ経営に加えて，熱・電力生産設備へのエネルギー原料供給（家畜糞尿とサイレージ用トウモロコシなどエネルギー作物）がある場合も含まれている。他経営で雇われる農業労働（同22.2％），グリーン・ツーリズム民宿（同10.1％），農外就業（9.9％），木材加工（9.0％），農産物加工直売（8.2％），スポーツ・趣味用馬飼育（6.5％），養魚（1.6％），工芸手工業（0.3％），その他（9.3％）などと比べて，エネルギー生産が農外所得源のトップクラスに浮上したことが農外就業兼業穀作農家の経営維持に大きな役割を担っているといってよかろう[2]。

　ただし2014年成立の新連立政権の再生可能エネルギー政策では，既設のバイオガス発電施設についてもトウモロコシ栽培面積の拡大は抑制され，新設施設に穀作農家がサイレージ用トウモロコシや牧草をメタン原料として供給する方式で参加することも認めないとされている。農外就業兼業穀作経営の新たなサイレージ用トウモロコシ栽培による農業所得確保という選択の道は絶たれることになった。

　ドイツを代表する家族農業経営地帯である南ドイツの農業経営は，資本型家族経営として有機農業さらにエネルギー生産部門への参入による経営多角化で経営存続にひとまず成功している。しかし，いずれの規模階層にあってもEU直接所得補償制度など公的な助成金があってようやく販売収益を上回る経費が補てんされている。この事態は確実に次世代への経営継承を危うくするものである。国連の「食料保障と栄養に関する専門家ハイレベル・パネル」報告書が指摘した「第4の経路」を担っているのは明らかに小規模経営・家族農業経営ではあるが，その存在自体は決して安定的ではなく，1980年代以来の「国際農業危機」の枠組みから脱却できてはいないとみるべきであろう。

　さて，いまひとつ付言しておきたい。それは，以上みたような現代ドイツの家族農業経営の存在構造は，わが国農業がTPP（環太平洋経済連携）協定

によって新大陸輸出農業の支配に晒される事態を迎えるなかで，以下のような示唆を日本農業に与えるであろうということである。

　もてる農地資源をフル活用して国民の食料保障を高めることがわが国農業に課せられた最大の課題である。日本農業の根幹をなす水田農業において，中小兼業農家を排除して農地を法人型大型経営に集積する，また稲作減反廃止で大規模経営に作る自由を与えることで，低コスト稲作を実現するという，いわば法人型水稲専作大経営育成「構造改革」戦略に農政を収斂させることはまったく的外れである。求められるのは水田農業の田畑輪換による総合化と，輸入飼料に依存した加工型畜産の土地利用型への転換とを，新たな耕畜連携によって一体的に展開する方向である。その担い手は多角的経営をめざす家族農業経営をおいて他にない。そして，家畜糞尿をメタン原料とするバイオガス発電が，畜産経営の労力負担の軽減と収益構造の改善に役立つだけでなく，地域内での耕畜連携を推進することで，加工型畜産を畑・水田一体的利用の土地利用型畜産に本格的に転換させるうえで活用できる。このことを，「エネルギー大転換」のもと農村のもつ自然エネルギー資源を「村の資源は村で」と活用することで農村再生をめざすドイツから学び取れるのではないか。

注
1)「バイエルン州農業報告」(Bayerischer Agrarbericht) によれば，経営部門別経営数の割合 (2012年度) は，主業経営では，耕種経営が11.1%にとどまるのに対して，飼料経営が70.8% (うち酪農経営48.6%)，加工型畜産経営が6.4%，混合経営が11.6%である。
2) Bayerisches Ministerium für Ernährung, Landwirtschaft und Forsten, *Bayerischer Agrarbericht 2014*による。

【参考文献】

序章

淡路和則「ドイツにおける家族農業経営の持続と発展の構造」『農業経営研究』51 (4), 2014年, 33～46ページ

石黒忠司「農業経営の企業経営化―生業的農業から企業的経営へ―」『農業経営研究』38 (4), 2001年, 34～41ページ

磯辺俊彦「家族制農業の分析課題―椎名重明編『ファミリー・ファームの比較史的研究』をめぐって」『土地制度史学』第119号, XXX-3, 1988年4月, 58～64ページ

磯辺秀俊編『家族農業経営の変貌過程』東京大学出版会, 1962年

磯辺秀俊『改訂版・農業経営学』養賢堂, 1971年

磯辺俊彦編『危機における家族農業経営』日本経済評論社, 1993年

伊藤栄『ドイツ村落共同体の研究・増補版』弘文堂書房, 1971年

伊藤房雄「家族経営の継承を支える意識と制度―西欧諸国」酒井惇一・柳村俊介・伊藤房雄・斎藤和佐『農業の継承と参入―日本と欧州の経験から―』農文協, 1998年, 122～160ページ

岩元泉「農業経営の成長と経営政策の課題」『農業経営研究』35 (4), 1998年, 4～12ページ

岩元泉『現代家族農業経営論』農林統計出版, 2015年

小倉武一編著『鬱陶しいドイツ・旧東独農業の解体と再生』農文協, 1993年

金沢夏樹編『農業経営学の体系』地球社, 1978年

河相一成・村田武・有坂哲夫座談会「TPP・『攻めの農業』批判・日本農業再生と家族経営」『経済』No.216, 2013年9月, 23～42ページ

川野重任解題「1980年代のヨーロッパの農業構造」『のびゆく農業』489, 農政調査委員会, 1979年

工藤昭彦『資本主義と農業』批評社, 2009年

クリストファー・D・メレット/ノーマン・ワルツァー編著（村田武・磯田宏監訳）『アメリカ新世代農協の挑戦』家の光協会, 2003年

V・クレム（大藪輝雄・村田武訳）『ドイツ農業史』大月書店, 1980年

クロード・セルヴァラン（是永東彦訳）『現代フランス農業―「家族農業」の合理的根拠―』農文協, 1992年

H・ケッター（秦玄龍訳）『西ドイツの農村の変貌』法政大学出版局, 1960年

H・ゲルデス（飯沼二郎訳）『ドイツ農民小史』未来社, 1957年

国連世界食料保障委員会専門家ハイレベル・パネル（家族農業研究会/（株）農林中金総合研究所共訳）『家族農業が世界の未来を拓く』農文協, 2014年

佐藤正『国際化時代の農業経営様式論』農文協，1991年
社団法人中央酪農会議『世界の酪農・農業 No.4 イギリスの生乳流通—ミルク・マークの生乳販売システム—』，1998年
鈴木宣弘・生源寺真一・佐々木敏夫・小林康平・鈴木充夫『主要国の乳価形成—ウルグアイ・ラウンド対応のための乳価政策—』酪農総合研究所，1997年
世界銀行（田村勝省訳）『世界開発報告・開発のための農業・2008』一灯舎，2008年
高山隆子「80年代の西独農政の基調—農民的家族経営を中心に—」農業総合研究所『農業総合研究』第42巻第4号，1988年10月
玉真之介「『農家』は果たして特殊日本的概念か？—『農家』概念の再確立のために—」『農業経済研究』第64巻第1号，1992年6月，39〜47ページ
M・トレイシー（阿曽村邦昭・瀬崎克己訳）『西欧の農業』（財）農林水産業生産性向上会議，1971年
長憲次編『農業経営研究の課題と方向』日本経済評論社，1993年
津谷好人「農業経営の戦略的多角化の役割と意義—複合化論から多角化論へ—」『農業経営研究』38（4），2001年，24〜33ページ
テオドール・ベルクマン他（小倉武一監修・小倉武一他訳）『市場経済化と集団農業の解体』農文協，1992年
徳田博美「大規模畑作農業地帯における家族農業経営の存立構造—「資本型家族経営」の特質—」『農業経営研究』34（4），1997年，12〜22ページ
中林吉幸『西ドイツの農業構造政策』日本経済評論社，1992年
新山陽子「『家族経営』『企業経営』の概念と農経営の持続条件」『農業と経済』vol.80 No.8, 2014年9月，5〜16ページ
日本農業経営学会編・津谷好人責任編集『農業経営研究の軌跡と展望』農林統計出版，2012年
農林漁業基本問題調査会事務局監修『西ヨーロッパ諸国における農業基本問題と基本対策〈1〉西ドイツ』農林協会，1961年
H・ハウスホーファー（三好正喜・祖田修訳）『近代ドイツ農業史』未来社，1973年
福田晋「持続可能な家族経営の展開とその条件—畜産経営を支援・補完するシステムの構築が重要—」中央畜産会『畜産コンサルタント』（特集・持続可能な家族経営のあり方）Vol.49 No.585, 2013年9月，12〜16ページ
藤原辰史『ナチス・ドイツの有機農業—「自然との共生」が生んだ「民族の絶滅」』2005年
C・プフォーゲル（加藤一郎訳）『西ドイツ農業法への道』（財）農政調査委員会，1962年
G・ブローム（都築利夫訳）『農業経営学総論』家の光協会，1972年

ベルント・アンドレー（川浪剛毅・小林茂樹訳）『西欧農法再編の理論・現代的畑作及び作付順序の編成に関する経営経済学的原理』農林統計協会，1979年
北海道立農業研究所『農業研究資料第19号・戦後におけるドイツ農業の諸問題』1954年
細野重雄解題「農業機械共同利用の発展と課題―西ドイツにおける―」『のびゆく農業』35，1958年
松浦利明「西ドイツ農業における階層分化」的場徳造・山本秀夫編著『海外諸国における農業構造の展開』農業総合研究所，1966年
松浦利明解題「西ドイツの農民的家族経営の展望」『のびゆく農業』712，1986年
松浦利明解題「ドイツの兼業農業の意義と展開―バーデン・ヴュルテンベルグ州を事例に―」『のびゆく農業』952，2004年
H・マンドゥーラス（津守英夫訳）『農民のゆくえ』御茶の水書房，1973年
村田武『再編下の家族農業経営と農協―先進輸出国とアジア―』筑波書房，2004年
村田武「直言『2014国際家族農業年』とアベノミクス成長戦略の異常」一社　農業開発研修センター『地域農業と農協』第43巻第3号，2013年，2～3ページ
村田武「農業と農村を破壊する安倍『農政改革』」農民運動全国連合会『農民』No.70臨時増刊，2014年5月，2～10ページ
村田武「見直される家族農業」公益社団法人全国農業共済協会『月刊NOSAI』Vol.66，2014年7月，21～28ページ
八木宏典「新しい農業経営の国際的位置」日本農業経営学会編『新時代の農業経営への招待―新たな農業経営―の展開と経営の考え方―』農林統計協会，2003年
柳村俊介編『現代日本農業の継承問題』日本経済評論社，2003年
柳村俊介「農業経営における家族的要素と企業的要素の併存」『農業と経済』vol.80　No.8，2014年9月，17～23ページ
吉田忠『農業経営学序論―対象と方法』同文社，1977年
ルース・ガッソン/アンドリュー・エリングトン（ビクター・L・カーペンター/神田健策/玉真之介監訳）『ファーム・ファミリー・ビジネス―家族農業の過去・現在・未来』筑波書房，2000年
Blohm, G., *Die betriebswirtschaftlichen Chancen der westdeutschen Landwirtschaft*, Paul Parey, 1972
Borras Jr, S. M./M. Edelman/C. Kay ed., *Transnational Agrarian Movements Confronting Globalization*, Wiley-Blackwell, 2008
Buechler, H. C./J-M. Buechler, *Contesting Agriculture−Cooperatism and Privatization in the New Eastern Germany*, State University of New York Press, 2002
Burpee, G./K. Wilson, *The Resilient Family Farm−Supporting Agricultural Development*

and Rural Economic Growth, ITDG Publishing, 2004
Curry, C. E.,*Agriculture, Stability, and Growth・Towards A Cooperative Approach,* Reports From A Public Policy Study of the curry foundations, Associated Fuculty Press, 1984
Deutscher Bauernverband e.V., *Bauer und Unternehmer bleiben-Neue Einkommen im ländlichen Raum Erste Schritte in die zweite Selbständigkeit*, Verlag Alfred Strothe, 1988
European Parliament, *Family Farming in Europe: Challenges and Prospects - In-depth Analysis*, 2014
Galeski, B/E.Wikening, ed., *Family Farming in Europe and America*, Westview Press,1987
Marsden, T., "*Towards the Political Economy of Pluriactivity*," Journal of Rural Studies, Vol.6, No.4, 1990, pp.375 ~ 382
Schmitt, G., *Landwirtschaft in der sozialen Marktwirtschaft: Neu betrachtet*, Berichte über Landwirtschaft, 66 (1988), SS.210-235
Shucksmith, M., J. Bryden, P. Rosenthall, C. Short, and M. Winter, "*Pluriactivity, Farm Structures and Rural Change*," Journal of Agricultural Economics, Vol. 40, No.3, 1989, pp.345-360
Tweeten, L./S.R. Thompson, eds., *Agricultural Policy for the 21st Century*, Iowa State Press, 2002

第1章

井上和衛編『欧州連合［EU］の農村開発政策』筑波書房，1999年
G・アレール/R・ボワイエ（津守英夫・清水卓・須田文明・山崎亮一・石井圭一訳）『市場原理を超える農業の大転換』農文協，1997年
イギリス連合王国農漁業食糧省編・小林康平監訳（平岡祥孝訳）『イギリスのミルク・マーケティング制度』，農林統計協会，1986年
ブライアン・ガードナー（村田武・横川洋・石月義訓・田代正一・溝手芳計訳）『ヨーロッパの農業政策』筑波書房，1998年
アルリンド・クーニャ/アラン・スウィンバンク（市田知子・和泉真理・平澤明彦訳）『EU共通農業政策の内幕──マクシャーリ改革・アジェンダ2000・フィシュラー改革─』農林統計出版，2014年
農業総合研究所『研究資料第1号　ドイツにおける農業構造政策の展開─1992年CAP改革以降の動きを中心に─』（市田知子執筆）1996年
R・フェネル（荏開津典生監訳）『EU共通農業政策の歴史と展望・ヨーロッパ統合の礎石』（財）食料・農業政策研究センター，1999年
R・フェネル（荏開津典生・柏植徳雄訳）『ECの共通農業政策　第2版』大明堂，

1989年
J・マーチン（溝手芳計・村田武監訳）『現代イギリス農業の成立と農政』筑波書房，2005年
村田武「国際農業調整と農業保護の現代的意義」「EC農業と新しい農業保護理念」中野一新・太田原高昭・後藤光蔵編著『国際農業調整と農業保護』農文協，1990年
村田武「ECにおける食と農の市民的コンセンサス」大嶋茂男・村田武『全集　世界の食料　世界の農村13・消費者運動のめざす食と農』農文協，1994年
村田武「WTO体制と農政転換」村田武・三島徳三編『講座　今日の食料・農業市場Ⅱ・農政転換と価格・所得政策』筑波書房，2000年
村田武『WTOと世界農業』筑波書房ブックレット⑬，2003年
村田武『戦後ドイツとEUの農業政策』筑波書房，2006年
村田武「CAP（EU共通農業政策）改革下の欧州農業を見る―乳価下落に苦しむドイツとポーランドの酪農―」『経済』2006年
村田武「EUとドイツ―直接支払いのデカップリング―」日本農業法学会『農業法研究42・直接支払制度の国際比較研究』農文協，2007年，8〜21ページ
村田武・柏尾珠紀「EU農政改革とドイツ農業」中野一新・岡田知弘編『グローバリゼーションと世界の農業』大月書店，2007年
村田武「新自由主義的農政改革の帰結と今後の展望」『農業と経済』vol.75　No.6，2009年6月，5〜13ページ
村田武「日本農業の振興と戸別所得補償制度―『不足払い』には政策価格による下支えが不可欠―」『農業と経済』vol.77　No.7，2011年6月，73〜82ページ
村田武「なぜ直接支払いなのか・経緯と可能性」『農業と経済』vol.78　No.3，2012年3月，5〜12ページ

第2章
岸康彦編『世界の直接支払制度』農林統計協会，2006年
高山隆三「西ドイツにおける環境保全型農業政策の展開と意義」村落社会研究会編『村落社会研究―28・家族農業経営の危機―その国際比較―』農文協，1992年，47〜84ページ
農業総合研究所『研究資料第1号　EC農業の需給調整―牛乳クオータ制度を中心に―』（柘植徳雄執筆），1989年
A・ハイセンフーバー他（四方康行・谷口憲治・飯國芳明訳）『ドイツにおける農業と環境』農文協，1996年
Andrews, S., *Agriculture and the Common Market*, The Iowa State University Press, 1973
Bauer, S., *Politik zur nachhaltigen Entwicklung ländlicher Räume*, AGRARWIRTSCHFT,

Jahrgang 46, Heft 7, Juli 1997, SS.245-250.

Bruckmeier, K./W. Ehlert eds., *The Agri-Environmental Policy of the European Union*, Peter Lang, 2002

Buller, H./G.A.Wilson/A. Höll, eds., *Agri-environmental Policy in the European Union*, Ashgate, 2000

Canavari, M./P. Caggiati/K.W. Easter eds., *Economic Studies on Food, Agriculture, and the Environment*, Kluwer Academic/Plenum Publishers, 2000

Cecchini, P., *The European Challenge 1992*, Wildwood House, 1988

Dragun ,A.K./C. Tisdell, eds., *Sustainable Agriculture and Environment·Globalisation and the Impact of Trade Liberalisation*, Cheltenham, UK, 1999

Enders, Ulrich, *Die Bodenreform in der amerikanischen Basatzungszone 1945-1949 unter besonderer Berücksichitgung Bayerns*, 1982

EU Commission, "Agenda 2000", 16. July. 1997

EU Commission Directorate-general, Agriculture Council: *Political Agreement on CAP Reform*, Newsletter Special Edition, 11 March, 1999

EU Commission, CAP2000 Working Document, *Situation and Outlook Dairy Sector*, April, 1997

European Dairy Association, *EDA Anuual Report 1998*, Bruxells, 1998

H. de Haen, *Struktueller Wandel der Landwirtschaft aus ökonomischer und ökologischer Sicht*, AGRARWIRTSCAFT, Jahrgang 34 (1985), Heft 1, SS.1-9.

Hagedorn, Konrad, *Gedanken zur Transformation einer sozialistischen Agrarverfassung*, AGRARWIRTSCAFT, Jahrgang 40 (1991) Heft5, SS.139-44.

Hahne, U., *2009: Wiederentdeckung des ländlichen Raumes?*, AgrarBündnis, "Der kritische Agrarbericht 2010"

Hartell, J. G./J. F. M. Swinnen eds., *Agriculture and East-West European Integration*, Ashgate, 2000

Hathaway, D.E., *Agriculture and the GATT: Rewriting the Rules*, Institute for International Economics 20, Sep. 1987

Ingersent, K.A./A.J. Rayner/R.C. Hine,eds., *The Reform of the Common Agricultural Policy*, MaCmilan Press, 1998

Irish Co-operative Organisation Society Limited, *103 Annual Report*, 1997

Isermeyer, Folkhard, *Umstrukturierung der Landwirtschaft in den neuen Bundesländern*, AGRARWIRTSCAFT, Jahrgang 40 (1991) Heft 10, 294-305.

Landesvereinigung der Milchwirtschaft Nordrhein-Westfalen e.V., *Die Ordnung des milchmarktes in Nordrhein - Westfalen*, 1966

Marsh, J.S./P.J. Swanney, eds., *Agriculture and the European Community*, George Allen & Unwin, 1980

Moyer, W./T.Josling, *Agricultura Policy Reform—Politics and process in the EU and US in the 1990s*, Achgate, 2002
Münch, W., *Effects of EU Enlargement to the Central European Countries on Agricultural Markets*, PeterLang, 2000
Piccinini, A., *Agricultural Policies in Europe and the USA—Farmers between Subsidies and the Market*, Palagrave Macmillan, 2001
Scherer F.M./R.S.Belous, *Unfinisched Tasks: The New International Trade Theory and Post-Uruguay Round Challenges*, Britisch-North American Committee, 1994
Tracy, M., *Government and Agriculture in Western Europe 1880-1988, Third Edition*, Harvester Wheatsheaf, 1989
Urff, W./H.v.Meuer, *Landwirtschaft, Umwelt und Ländlicher Raum—Herausforderungen an Europa, Hermann Priebe zum 80. Geburtstag*, Nomoso Verlaggesellschaft, 1987
Weinschenk, G., *Agrarpolitik und ökologischer Landbau*, AGRARWIRTSCHFT, Jahrgang 46, Heft 7, Juli 1997, SS.251-256.

第3章
W・アーベル（三橋時雄・中村勝訳）『ドイツ農業発達の三段階』未来社，1976年
淡路和則「農業経営の組織化—ドイツのマシーネンリンク—」中安定子・小倉尚子・酒井富夫・淡路和則『全集　世界の食料　世界の農業6・先進国　家族経営の発展戦略』農文協，1994年
今村奈良臣・服部信司・矢口芳生・加賀爪優・菅沼圭輔『WTO体制下の食料農業戦略—米・欧・豪・中と日本』農文協，1997年
池田一樹・井田俊二「EU共通農業政策（CAP）改革案」（農畜産業振興事業団『畜産の情報・海外編』1998年4月，44ページ以下。
石井圭一解題「EU農業の集中と専門化—1993年EU農業経営構造調査より—」『のびゆく農業』867，1997年
遠藤保雄『戦後国際農業交渉の史的考察・関税交渉から農政改革交渉への展開と社会経済的意義』御茶の水書房，2004年
熊代幸雄解題「西ドイツの農業構造改善の新方向」『のびゆく農業』321，農政調査委員会，1970年
熊代幸雄解題「ヨーロッパ農政と西ドイツ農業」『のびゆく農業』327，農政調査委員会，1970年
後藤康夫解題「マンスホルト・プラン」『のびゆく農業』303〜304，農政調査委員会，1969年
田山輝明『西ドイツ農地整備法制の研究』成文堂，1988年
野田公夫「世界農業類型と日本農業」オルタ・トレード・ジャパン編『季刊［あ

っと] at』6号, 太田出版, 2006年
羽多実解題「エルトル・プラン」『のびゆく農業』365, 農政調査委員会, 1971年
原田純孝「EC農政の転換と農業社会構造政策の展開—農業の多面的価値づけと新しい政策論理の形成を中心にして—(1)」東京大学社会科学研究所『社会科学研究』第43巻第6号, 1992年
ピエル・クロン/エレヌ・ドロルム/ベルトラン・エルヴィユ/マルセル・ジョリヴェ/フィリップ・ラコンブ(小倉武一日本語版訳)『フランスにおける農業と政治』農文協, 1995年
村田武「90年代世界経済とEC統合」関下稔・森岡孝二編『今日の世界経済と日本・第1巻・世界秩序とグローバルエコノミー』青木書店, 1992年
村田武『世界貿易と農業政策』ミネルヴァ書房, 1996年
村田武「欧州統合と食糧・農業問題」中野一新編『アグリビジネス論』有斐閣ブックス, 1998年
横川洋「EU（ドイツとオーストリア）の農業環境政策の実施状況」農水省『主要国の農業情報調査分析報告書（平成17年度）』2006年度, 45～66ページ

第4章・第5章

E・ガイアースベルガー（熊代幸雄・石光研二・松浦利明共訳）『マシーネンリングによる第三の農民解放』家の光協会, 1976年
是永東彦・津谷好人・福士正博『ECの農政改革に学ぶ—苦悩する先進国農政』農文協, 1994年
松木洋一・永松美希編『日本とEUの有機畜産・ファームアニマルウェルフェアの実際』農文協, 2004年
村田武「EUの農業と農村—南ドイツを事例に—」梶井功編著『「農」を論ず・日本農業の再生を求めて』農林統計協会, 2011年
Flack, Sarah, *Organic Dairy Production*, Organic Principles and Practices Handbook Series, A Project of the Northwest Organic Farming Association, 2011
Langbehn, Cay, *Hat die LPG eine Zukunft?*, AGRARWIRTSCAFT, Jahrgang 39 (1990), Heft5, SS.197-98.
Öhring, Jochen, *Maschinenring-Praxis-Vorbereitung, Aufbau, Funktion und Entwicklung*, Hildesheim, 1970

第6章・第7章

淡路和則「バイオガスプラントの普及要因に関する経営的考察—ドイツの経験から—」『農業経営研究』40(1), 2002年, 138～141ページ
淡路和則解題「欧州におけるバイオガスプラントの展開—有機性廃棄物利用の現状と課題」『のびゆく農業』954, 2004年

飯田哲也『エネルギー進化論─「第4の革命」が日本を変える』ちくま新書934，2011年
飯田哲也『今こそ，エネルギーシフト・原発と自然エネルギーと私達の暮らし』岩波ブックレットNo.810，2011年
井熊均・バイオエネルギーチーム『図解入門・よくわかるバイオ燃料の基本と仕組み』秀和システム，2008年
石川志保他「酪農における共同利用型バイオガスプラントの経済的評価」『農業経営研究』43（1），2005年，194〜199ページ
石橋克彦編『原発を終わらせる』岩波新書，2011年
伊藤房雄「家族経営の継承を支える意識と制度─西欧諸国」酒井惇一・柳村俊介・伊藤房雄・斎藤和佐『農業の継承と参入』農文協，1998年
植田和弘・梶山恵司編著『国民のためのエネルギー原論』日本経済新聞出版社，2011年
梅津一孝他「バイオガスシステムの経済的・工学的評価分析─費用・エネルギー・環境負荷の評価─」『農業経営研究』43（1），2005年，188〜193ページ
梅津一孝・竹内良曜・岩波道生「先進国におけるバイオガスプラントの利用形態に学ぶ〜北海道における再生可能エネルギーの利用促進に関する共同調査報告書〜」独立行政法人農畜産業振興機構『畜産の情報』2013年6月号
大島堅一『再生可能エネルギーの政治経済学』東洋経済新報社，2010年
大島堅一『原発のコスト─エネルギー転換の視点』岩波新書，2011年
欧州協同組合レターNo.10『ヨーロッパの協同組合と再生可能エネルギー・農業協同組合による取組の事例から』一般社団法人　JC総研，2014年10月
大友詔雄編著『自然エネルギーが生み出す地域の雇用』自治体研究社，2012年
岡田知弘『震災からの地域再生』新日本出版社，2012年
小野学・鵜川洋樹「集中型バイオガスシステムの経済性と成立条件─北海道酪農における別海資源循環試験施設の実用運転に向けて─」『農業経営研究』42（1），2004年，79〜84ページ
小野学・鵜川洋樹「集中型バイオガスシステムの経済性とプロトタイプ」『農業経営研究』43（1），2005年，182〜187ページ
小野学・鵜川洋樹「共同利用型バイオガスシステムの経済性に影響を与える諸条件の改善効果」『農業経営研究』44（1），2006年，105〜110ページ
海渡雄一『原発訴訟』岩波新書，2011年
金子勝『原発は不良債権である』岩波ブックレットNo.836，2012年
梶山恵司「グリーン成長戦略とは何か」『世界』2013年2月号所収
熊谷徹『脱原発を決めたドイツの挑戦・再生可能エネルギー大国への道』角川新書，2012年
熊井徹『なぜメルケルは「転向」したのか』日経BP社，2012年

桜井徹「日本の電力改革を考える・ドイツの事例を参考に」『経済』No.232　2015年1月号，109～125ページ

社団法人JC総研『欧州協同組合レター・ヨーロッパの農業協同組合の経験～チェルノブイリ原発事故から再生可能エネルギー事業の取り組みへ～』2012年8月

M・シュラーズ『ドイツは脱原発を選んだ』岩波ブックレットNo.818，2011年

『世界』2011年11月号・特集「再生可能エネルギー──普及への条件」(和田武・飯田哲也他)

滝川薫他『100％再生可能へ！　欧州のエネルギー自立地域』学芸出版社，2012年

田口理恵『市民がつくった電力会社　ドイツ・シェーナウの草の根エネルギー革命』大月書店，2012年

寺西俊一・石田信隆・山下英俊編著『ドイツに学ぶ地域からのエネルギー転換・再生可能エネルギーと地域の自立』家の光協会，2013年

鳥越皓之他『地域の力で自然エネルギー』岩波ブックレットNo.786，2010年

原後雄太・泊みゆき『バイオマス産業社会・「生物資源（バイオマス）」利用の基礎知識』築地書館，2002年

ヘルマン・シェーア（今本秀爾他訳）『エネルギー倫理命法・100％再生可能エネルギー社会への道』緑風出版，2012年

本田宏「原子力をめぐるドイツの政治過程と政策対話」北海道大学『経済学研究』第63巻第2号，2014年，49～69ページ

宮台真司・飯田哲也『原発社会からの離脱・自然エネルギーと共同体自治に向けて』講談社現代新書，2011年

ミランダ・A．シュラーズ『ドイツは脱原発を選んだ』岩波ブックレットNo.818，2011年

村田武・渡邉信夫編著『脱原発・再生可能エネルギーとふるさと再生』筑波書房，2012年

村田武『ドイツ農業と「エネルギー転換」・バイオガス発電と家族農業経営』筑波書房ブックレット，2013年

吉田文和『グリーン・エコノミー』中公新書，2011年

若尾祐司・本田宏編『反核から脱原発へ・ドイツとヨーロッパ諸国の選択』昭和堂，2012年

和田武『飛躍するドイツの再生可能エネルギー・地球温暖化防止と持続可能社会構築をめざして』世界思想社，2008年

和田武『拡大する世界の再生可能エネルギー・脱原発時代の到来』世界思想社，2011年

和田武『脱原発，再生可能エネルギー中心の社会へ』あけび書房，2011年

横山伸也・芋生憲司『バイオマスエネルギー』森北出版株式会社，2009年

吉井英勝『原発抜き・地域再生の温暖化対策へ』新日本出版社，2010年

参考文献　157

ヨス・ベイマン/コンスタンチン・イリオポウロス/クラインJポッペ編著（㈱農林中金総合研究所・海外協同組合研究会訳）『EUの農協・役割と支援策』農林統計出版，2015年
Berichte über Landwirtschaft, *Agrarwirtschaft und Energie*, 195 Sonderheft(1979)
BMELV（ドイツ食料農業消費者保護省）（インターネット）Bedeutung der erneuerbaren Energien für die Land-und Forstwirtschaft und die ländlichen Räume
Doluschitz, R./R. Schwenninger, eds., *Nebenerwerbslandwirtschaft*, Ulmer, 2003
Flieger, Burghard, *Elektrizitätsgenossenschaft im ländlichen Raum, dargestellt am Beispiel Teutoburger Energie Netswerk eG（TEN eG）, in:* "Ländliche Genossenschaften－Beiträge zur 5.Tagung zur Genossenschaftsgeschichte (2010)", S106-117.
Hann, Ch. & the "Property Relations" Group, *The Postsocialist Agrarian Question －Property Relations and the Rural Condition*, LIT, 1997
Hjort-Gregersen, K/ D. Blandford/ C. A. Gooch, *Biogas from Farm-based Biomass Sources, Developments in Europe and the US*, in EuroCoices, Vol. 10, No.3, 2011, pp.18-23.
Kallfass, Herman H., *Der bäuereliche Familienbetrieb, das Leitbilid für die Agrarpolitik im vereinten Deutschland*, AGRARWIRTSCAFT, Jahrgang 40（1991）Heft10, SS. 3015-13.
Langbehn, Cay, *Der bäuerliche Familienbetrieb－Fossil oder Zukunft unserer Landwirtschaft*, AGRARWIRTSCAFT, Jahrgang 38（1989），Heft5, SS.133-34.
Schmitt, Günther, *Zum Wandel der Betriebsgrößenstruktur in der Landwirtschaft der BR Deutschland*, AGRARWIRTSCAFT, Jahrgang 38（1989）Heft10, SS.294-304.
Steiner, V. L/V. Hoffmann, *Multifunktionale Landwirtschaft für kreative Diversifizierung-eine taxonomische Studie in Mittel-und Süddeutschland*, Berichte über Landwirtschaft , S.235-257.
StMLF, *Bayerischer Agrarbericht 2010*, 2012
Thiede, Günther, *Die landwirtschaftlichen Großbetriebe in der EG*, AGRARWIRTSCAFT, Jahrgang 39（1990），Heft7, SS.220-26.
Thiede, Günther, *Landwirtschftliche Betriebe über 100ha in der EG*, AGRARWIRTSCAFT, Jahrgang 40（1991）Heft7, SS.219-24.
Voegelin, D., *Der Mais ist mein Kapital－Aktuelle Entwicklungen in der landwirtschaftlichen Energiewirtschaft*, "Der kritische Agrarbericht 2012", 2012, SS. 115-117.

〔補〕
報告　ベルリン・フンボルト大学主催
国連「2012国際協同組合年」記念国際学会（2012年3月21 〜 23日）

"Cooperative Responses to Global Challenges"

Crisis of globalization and rural multipurpose co-operatives in Japan

Preface

Japanese agricultural co-operatives (JAs) are generally referred to as "multipurpose agricultural co-operatives," which are engaged in various activities such as marketing (collection, shipment, and sales of agricultural products), purchasing (supply of production inputs and daily necessities), better farming guidance, processing of farm products, credit (finance), mutual-aid insurance, warehousing, and operations of various facilities.

Dr. A. F. Laidlaw submitted a paper, "Co-operatives in the Year 2000," to the 27th Congress of the ICA in Moscow, 1980. He pointed out in this paper that co-operatives in many countries have signal achievements to show and multipurpose co-operatives are largely responsible for the rural side of the modern economic development of Japan. In "Building Co-operative Communities", he introduced four priorities and stated that "to make a strong impact on the urban population, to the point of creating what would be regarded as a co-operative community, the approach must be comprehensive, in a way comparable to that of the rural multipurpose co-operative in Japan".

This presentation responds to his point of view and considers the modern diversified efforts of Japanese rural multipurpose co-operatives toward the rebuilding of rural areas in this crisis of globalization in opposition to the neo-liberalistic structural reform policy of the government.

JA mission statement

The new JA mission statement, based on the Definition and Values and

Seven Principles of "The ICA Statement on Co-operative Identity," adopted by the Congress Manchester of ICA in 1995, was resolved in the National Conference of Japan Agricultural Co-operatives in 1997, sponsored by the Central Union of Agricultural Co-operatives (JA-Zenchu). This JA mission statement aims to take responsibility for not only providing a continued supply of food, but the activation of farming and rural society, which is feared to fade away with the aging farming population and abrupt disappearance of mountain villages, by preserving the environment and local resources, consideration of the aged, women, and children, and contributing to the promotion of economic, social and cultural development of local areas.

Cf. Appendix1: The full text of JA mission statement and Appendix2: Organizational Structure of the JA Group

The present state of rural co-operatives is as follows:

The total number (Oct. 2011) of rural co-operatives, which extend to every corner of the country, is 715. The number has substantially decreased from 1,833 in 1998, and 1,056 in 2002, due to progressive mergers of town-scale co-operatives into integrated regional, city, or multiple town-scale co-operatives, with a view to enhance economic viability and servicing potential.

Almost all of the farmers in Japan join their local JA as regular members, while non-farmers/residents are increasingly becoming associate members of JA in order to use services such as credit and mutual insurance. That comes to an average member of 12,330 (6,270 regular members, 6,060 associate members) per one co-operative. The total number of members (Mar. 2009) is 9.49 million (4.83 million regular members and 4.67 million associate members). There has been a steady decrease in the number of farm households with just 2.52 million in 2010. So 1.9 people of every farm household participate in a co-operative and there is a nationwide co-operative effort to gain women members for better management and activation by enhancing the equal partnership of men and women.

Total sales volume (2008/09) : 39.8 billion Euro. (1Euro= ¥110)
Total purchasing volume (2008/09) : 30.0 billion Euro.
Total savings balance (2009/10) : 768.0 billion Euro.

Total long-term mutual insurance holdings (2009/10) : 291.2billion Euro.

Co-operatives as a target of neo-liberalistic structural reform

The world economic crisis which occurred after Lehman Brothers collapsed in September 2008 is now even worse; falling into a "double-dip recession" accompanied by financial and budgetary deficits and currency panic. The Obama government, which is confronted with the great difficulties of a great depression, a huge budgetary deficit and the weakened hegemony of the dollar as an international key currency, is pursuing "doubled export in five years from 2010 to 2014" as the pivot of the American economic recovery strategy and is concentrating its strength on organizing the areas of free trade on the APEC (the Asia Pacific Economic Cooperation) scale. The crucial point of the issue is that the United States wants to take the lead in the expansion of the TPP (Trans-Pacific Strategic Economic Partnership Agreement), which includes Japan, and to force Japan to open its markets and to carry out a neo-liberalistic deregulation of the service industries, including financial, insurance and medical businesses.

The Japanese government, under pressure from the U.S. government and the domestic business world, headed for expansion of direct foreign investments and external demand-led economic growth, with the additional problems brought on by the Fukushima-nuclear power plant disaster, is making the bad choices of neo-liberalistic deregulation and privatization, in accordance to American-standards, to revise the labor law for the worse and lower the standard of social security benefits. The government is watching for a chance to repeal the special measures for co-operatives which exempt them from the Antimonopoly Law and to remove the multipurpose functions of JAs by the separation of credit services and the mutual aid segment from the other operations.

The Japan Committee of the International Year of Cooperatives 2012 has grasped this controversial situation and reached a consensus with the preparation of "The Charter of Co-operatives in Japan" and has proposed an extensive discussion of its draft, which clarifies the basic idea and principles of co-operatives and demands governmental responsibility for respect of the co-operatives' self-government and independence and, moreover, governmental support for the activity of co-operatives for regional social-economic revival.

Promotion of the development of local agriculture

Japanese agriculture has been suffering from an obvious decrease in production and a management crisis in most farm households from the excessive imports of cheap agricultural produce through the free trade system of the WTO. The aging of farmers, lack of successors and the great extent of under populated areas are common in all rural regions in Japan. Most JAs should take countermeasures against the critical situation in their working areas. JAs have been expected to contribute to the development of their own areas with the promotion of multiple and diverse agricultural production on the basis of growth in regional agricultural productivity and the support of the member farmers by the enhanced sales capacity based on the "branding" of a special producing area's name. They have settled on a plan for the promotion of the development of local agriculture as original diversified products-producing and processing areas.

Contribution to the Regional Community

In recent years almost all JAs are starting nursing care for the elderly and setting up of funeral services in addition to conventional financial business and mutual-aid insurance. Co-operatives have played a great part in the promotion of welfare in the villages. Mutual-aid property insurance has especially contributed greatly to building reconstruction after natural disasters, in particular earthquakes, which have struck rural areas and caused severe damage in recent years.

In local Japan, JAs should do more to respond to the people's expectations for the recovery of the rural economy and secure livelihood.

Most JAs take an active part in the "IE-NO-HIKARI-ACTIVITY," namely to improve the lives of the members and the community through wide-ranging co-operative activities such as consumption, health management, cultural activities, consulting activities, and social issues covering education on food and agriculture, especially for the younger generation.

JA Iwate-Chuo

The following review of JA Iwate-Chuo (Central Iwate Agricultural Co-operative), illustrates a model case of a rural co-operative which achieved great success in providing comprehensive services in recent years.

In the Tohoku Region of Honshu, the main island of Japan, JA Iwate-Chuo runs a business in Morioka City, Iwate Prefecture, and in two towns on the south side. It was started in 1999 with the merger of three co-operatives and in 2007 one other co-operative joined. The regular members are 12,047 (2,742 women) with 5,947 associate members (1,478 women) and 8,854 regular member farm households.

Brand Leader "Shokuno-Rikkoku"

The Kitakami Basin of the upper Kitakami River, has an inland climate and good redeployed and drained paddy fields. The area is a production center for rice, wheat and buckwheat in Iwate Prefecture. Besides combining of paddy field with vegetable (cucumbers, tomatoes etc.) and flower cultivation, diversified farm management of dairy and beef cattle farming and growing mushrooms are the features of agriculture in this area. The sales volume of agricultural products of this co-operative amounted to 92.36 million Euro.

JA Iwate-Chuo is promoting the development of local agriculture through comprehensive support and guidance for the better management of member farms and to raise the public opinion and awareness of "JA Iwate-Chuo as a reliable production center" and of the brand name "Shokuno-Rikkoku" (Food-AgroNation). "Shokuno-Rikkoku" is a registered trademark. Apples are one of the most prominent products and JA Iwate-Chuo recommends a reduced amount of agro-chemicals in its apple cultivation and the apples represent that trademark.

Support for the cooperate activities of "Village Farmers Association"

In the business area of this JA there are 251 villages and in every village a "Village Farmers Association" is organized. JA placed one or two staff members in every village as "support staff" for better contact with members by visiting villages and granting "Subsidies for Activity of Village Farmers Association." The total amount of subsidies comes to 53,360 Euro/year, that is 2,270 Euro/year for every village.

The "Farming Board" in the Village Association promotes joint management of village farmland and in every Association a "Living Board" is set up which takes the lead in promoting activities for better living and health management of village families.

"Women's Activity Center"

JA Iwate-Chuo takes an active part in the "IE-NO-HIKARI-ACTIVITY," namely to improve the lives of the members and the community with a wide-range of co-operative activities such as social issues covering education on food and agriculture, especially for young people.

The basic idea of educational and cultural activities of JA Iwate-Chuo is that JA should provide life and cultural activity, which is closely connected with regional society and contribute to preserve rural environment and is willing to support members' life with a sense of inner calm and in good health.

JA Iwate-Chuo has set up a "Women's Activity Center," as a special post of the educational and cultural activity in the organization of the business administration and has held an "educational and cultural seminar" every year for staff members. Women's Groups, "Joseibu", in which many women's members take part on their own initiative has made a plan for the founding of a "School for Health Maintenance" and a "Cultural School" as a part of a "Ladies Seminar" program.

Many educational activities for children have been carried out such as a children's farm work and cooking school (rice reaping, chestnut gathering, cherry tomato harvesting and pizza baking etc.)

The coastal areas of Iwate Prefecture also suffered serious damage from the great earthquake and tsunami on 11th March 2011. A large majority of women's members of JA Iwate-Chuo were quick to help by providing emergency food to those left homeless by the tsunami. Probably the close trust-relationship between the co-operative and the members laid the basis of this positive action.

Conclusion

A steady combination of the duty to promote regional agricultural development and social activities for the people's livelihood is the common feature of all rural cooperatives in Japan, which have performed well.

Now we can confirm in many rural cooperatives that the executives not only have the ability to manage their big business in the integrated regions, but also are enthusiastic in building a close trust relationship between the co-operative and the members. They have determined to unite in opposition to the neo-liberalistic attack of the government and the multi-national business world.

Appendix1: JA mission statement —our purposes and goals

JA and its partners, executives and regular employees act based on fundamental definition, values, and principles of co-operative movement (i.e. independence, self-help, participation, democratic control, fairness, solidarity, etc.).

From a global perspective, it foresees changes in circumstances and aims at innovation of the organization, enterprises and management. Furthermore, it strives for realization of more democratic and fairer society through local/nation-wide/global co-ordination with co-operative friends.

For this reason, it achieves sincerely the social role as an organization rooted in agriculture and community through activities such as the following:
1. JA will promote the local agriculture and will protect food, nature, and water of our country.
1. Through the contribution to environment, culture and welfare, JA will build the abundant community in which people can live in comfort.
1. Positive participation and solidarity with JA will achieve a successful co-

operation.
1. Standing on the foundations of independence, self-help and democratic control, JA will manage itself healthily and will enhance its reliability.
1. JA will educate itself on the philosophy of co-operative and will pursue purpose in life through its practice.

Appendix2: Organizational Structure of the JA Group

The JA (Japan Agricultural Co-operatives) Group is listed along with the Seikatsu Kyodo Kumiai (Consumer Co-operatives), the Gyogyo Kyodo Kumiai (Fisheries Co-opearatives) and the Shinrin Kumiai (Forestry Co-operatives) as one of Japan's co-operative organizations. The IE-NO-HIKARI Association consists of 53 groups, which includes the 47 prefectural central associations and the national JA organizations. The duties of the IE-NO-HIKARI Association include publishing, cultural activities and many other enterprises.

Die Krise der Globalisierung und die ländlichen Vielzweck-Genossenschaften in Japan

Prof. Dr. Takeshi MURATA
Ein Referat an der Internationalen wissenschaftlichen Konferenz
"Cooperative Responses to Global Challenges"
22. März 2012 in Berlin

Vorwort

Japanische landwirtschaftliche Genossenschaften (JAs) werden allgemein als „landwirtschaftliche Vielzweck-Genossenschaften " bezeichnet, da sie sich mit den verschiedensten Aufgaben befassen. Sie übernehmen das Marketing (Sammeln, Verkauf und Versand der landwirtschaftlichen Produkte), Einkauf (Belieferung mit Produktionsmitteln und täglichem Bedarf), Anleitung zum besseren Wirtschaften, Verarbeitung der Produkte, Kreditgeschäfte, Versicherungen auf Gegenseitigkeit, Unterhalt von Lagerhäusern und der Betrieb verschiedenster Einrichtungen.

Dr. A.F.Laidlaw legte auf dem 27. Kongress der ICA in Moskau ein Papier vor mit dem Titel „Genossenschaften im Jahr 2000 ". Er wies in diesem Papier darauf hin, daß Genossenschaften in vielen Ländern Signalwirkung haben, und in Japan die Vielzweckgenossenschaften wesentlich für die Entwicklung im ländlichen Raum verantwortlich sind. Für den „Aufbau genossenschaftlicher Gesellschaften " nannte er vier Voraussetzungen und statuierte: „ Um große Einwirkung auf die ländliche Bevölkerung zu haben und dadurch etwas zu schaffen, was man als genossenschaftliche Gesellschaft bezeichnen kann, muß man die Aufgabe umfassend angehen, vergleichbar zu den japanischen ländlichen Vielzweckgenossenschaften. "

Diese Präsentation greift seinen Standpunkt auf und beachtet die vielfältigen Bemühungen der japanischen Vielzweckgenossenschaften zur Erneuerung der ländlichen Gebiete in dieser Krise der Globalisierung, in Opposition zur Politik einer neoliberalen Strukturrrefom der Regierung.

Die gegenwärtige Wirtschaftslage der japanischen Landwirtschaft

Agrarstruktur
-2.450.000 Betriebe bewirtschaften 4,6 Mio.ha Ackerland:
1.500.000 Verkaufsbetriebe (Umsatz: ¥500.000 ~)
-Betriebe nach Hektargrößenklassen

~ 3 ha   1.322.000
3~10ha   139.000
10 ha~   43.000
Ausnahme Hokkaido
20~30ha 5.900   30~50ha 6.200   50ha~ 4.700

Arbeitskräfte
-Rückgang der Familienarbeitskräfte:2.020.000
-Die beängstigende Überalterung der landwirtschaftlichen Bevölkerung:
Über die Hälfte der Agrarbeschäftigten ist älter als 65 Jahre
Für viele Betriebe gibt es keine Nachfolger

Erzeugung und Märkte
■Landwirtschftliche Nutzfläche
Ackerland 4.561.000ha   2.474.000ha von Ackerland ist Wasserfläche (paddy field)
Weide   615.000ha
Obst-Teegarten   307.000ha
■Anbaufläche 4.233.000ha
Reis   1.628.000ha
Weizen/Gerste/Roggen   266.000ha
Sojabohnen/Buchweizen   239.000ha
Tee usw.   186.000ha
Gemüse/Hülsenfrüchte   547.000ha
Futterpflanzen   1.012.000ha

■ Erzeugung

	Erzeugung (in 1.000 t)	Ertrag (dt/ha)	Einfuhr (in 1.000 t)
Reis	8.130	53,3	770
Weizen	746	35,2	5.480
Gerste	158	28,7	1.420
Sojabohnen	219	16,0	3.460
Körnermais	-	-	16.200
Zuckerrüben	355	582	1.500 (Zucker)
Zuckerrohr	147	639	
Gemüse	11.740		2.200
Obst	2.940		5.150

-Tierische Erzeugung

	Betriebe (in 1.000)	Tiere (in 1.000)	Erzeugung (in Mio.t)	Einfuhr (in Mio.t)
Rinder	65,2	2.723	0,52	0,7
Milchkuhe	20,1	1.489	Milch 7,47	3,5
	(Milcherzeugerpreis 89.1 ¥/kg)			
Schweine	5,8	9.735	1,26	1,2
Geflügel (Ei)	2,8	174.949	2,59	0,2

Märkte

-Erzeuger von Getreide und Sojabohnen erhalten Unterstützung der Regierung durch Defizitzahlungen für Weizen/Gerste/Roggen und Sojabohnen (Zahlungen von Differenzen zwischen Durchschnittsproduktionskosten und Verkaufspreise) und sie verkaufen durch Genossenschaften über die Hälfte der Reis- und fast alle Getreide- und Sojabohnenproduktion.

- Fast alle Betriebe der Obst-und Gemüsebau beauftragen über ihre Genossenschaften die öffentlich errichteten Großhandelmärkte mit den Verkauf und Preisversetzung der Produkte.

Niedrige Selbstversorgung des Nahrungsmittels

Japan ist weit davon entfernt, sich mit Grunderzeugnissen selbst versorgen zu können, und verliert obendrein von Jahr zu Jahr an Autarkie. Während es bei Reis ein Überschußproduktion gibt, decken einheimische Agrarprodukte insgesamt nur noch 40 % des Kalorienbadarfs der Konsumenten (im Fiskaljahr 2007). 1965 lag die Selbstversorgungsquote noch bei 73 %, 1985 war sie bereits auf rund 50 % gesunken. Nach Produktion unterteilt versorgte die japanische Landwirtschaft (2007) die Reisbedarf zu 96 % (4 % Import mit dem Minimum-Access-Prinzip), Fleisch und andere tierische Erzeugungen mit einheimischen Futter zu 16 %, Öl und Fett zu 3 %, Weizen 14 %. Der große Rest wird mit Importprodukten gedeckt, so daß Japan der größte Agrarimporteur der Welt ist.

JA Leitbild

Das neue JA Leitbild, basierend auf der Definition und den Werten der sieben Prinzipien der „ICA Statement on Cooperative Identity " angenommen durch den ICA-Kongress 1995 in Manchester, wurde 1997 durch die nationale Konferenz der japanischen landwirtschaftlichen Genossenschaften beschlossen. Diese wird durch die zentrale Union der landwirtschaftlichen Genossenschaften (JA-Zenchu) unterstützt. Das JA Leitbild macht sich zur Aufgabe nicht nur für eine fortlaufende und ausreichende Versorgung mit Lebensmitteln zu sorgen, sondern auch für eine Wiederbelebung der ländlichen Gesellschaft und der Bauernhöfe zu sorgen, die durch die Überalterung der Bevölkerung allmählich zu verschwinden drohen, und zum Verschwinden von ganzen Bergdörfern führen könnte. Das geschieht durch Erhalt der Umwelt und der örtlichen Ressourcen, unter besonderer Beachtung der Älteren, der Frauen und Kinder, und durch Förderung der wirtschaftlichen, sozialen und kulturellen Entwicklungen der örtlichen Regionen.

Der gegenwärtige Stand der ländlichen Vielzweck-Genossenschaften ist folgender:

Die Gesamtzahl der ländlichen Vielzweck-Genossenschaften beträgt in Japan 715 (Stand Okt. 2011z) Diese Zahl hat sich stetig verringert von 1883 im Jahr 1998 und 1056 in 2002 bis zum heutigen Stand. Das ist zurück zu führen auf fortschreitende Zusammenschlüsse zu größeren Einheiten, die sich über eine ganze Region oder mehrere Städte erstrecken. Das Ziel ist dabei die Rentabilität zu steigern und den Kundendienst zu verbessern.

Fast alle Bauern in Japan schließen sich der örtlichen JA an, und auch eine steigende Anzahl nicht bäuerlicher Bürger werden assoziierte Mitglieder, um die Dienste der Versicherungen und Kredite in Anspruch zu nehmen. Die durchschnittliche Zahl der Mitglieder beträgt damit 12.330 (6.270 reguläre und 6.060 assoziierte Mitglieder) per Genossenschaft. Die totalen Zahlen für Japan sind (März 2009) 9,49 Millionen (4,83 Millionen regulär und 4,67 Millionen assoziierte) Mitglieder.

Totale Verkäufe 2008/09 39,8 Milliarden Euro
Totale Einkäufe 2008/09 30,0 Milliarden Euro

Die Genossenschaften als Zielscheibe einer neo-liberalen Strukturreform

Die Weltwirtschaftskrise, die nach dem Zusammenbruch von Lehman Brothers im September 2008 entstand, hat sich noch verschlimmert, indem die USA in eine „Double-dip" Rezession gefallen sind, die begleitet wird von einem enormen Haushaltsdefizit. Die Obama-Regierung, die sich konfrontiert sieht mit den Schwierigkeiten eines riesigen Haushaltsdefizites, einer großen Depression und einer geschwächten Hegemonie des Dollars als internationale Schlüsselwährung, verfolgt das Ziel, den Export innerhalb von fünf Jahren zu verdoppeln. Es ist der Dreh- und Angelpunkt der amerikanischen Strategie zur wirtschaftlichen Erholung und konzentriert sich dabei auf die Freihandelszone der APEC (Asia Pacific Economic Cooperation). Der entscheidende Punkt dabei ist, daß die Vereinigten Staaten die Führung übernehmen bei der Expansion der TPP (Trans-Pacific Strategic Economic Partnership Agreement), das Japan einschließt und dazu drängt, seine Märkte zu öffnen und eine neoliberale Deregulation durchzuführen, einschließlich des Finanz- und Versicherungswesens und des Gesundheitswesens.

Die japanische Regierung ermöglicht unter dem Druck der US-Regierung und der heimischen Geschäftswelt, eine Ausdehnung ausländischer Investitionen und ein Wirtschaftswachstum durch eine von außen kommende Nachfrage. Dazu kommen noch die Probleme, die durch das Unglück des Atomkraftwerkes in Fukushima entstanden sind. Die schlechten Entscheidungen, das Arbeitsgesetz zum Schlechten hin zu reformieren und die Sozialversicherungsleistungen zu reduzieren, entsprechend amerikanischer Standards.

Die Regierung sucht nach einer Chance, um die besonderen Maßnahmen für Genossenschaft, die sie vom Anti-Monopolgesetz ausnahmen, und die Mehrzweck-Funktionen der JA's zu widerrufen, indem man die Kreditwirtschaft und die gegenseitige Hilfe von den übrigen Aktivitäten trennt.

Das japanische Komitee zum internationalen Jahr der Genossenschaften 2012 hat diese Kontroverse aufgegriffen und einen Konsens erreicht mit der Erarbeitung einer „Charta der japanischen Genossenschaften ", und empfiehlt eine intensive Diskussion dieses Entwurfes, der die grundlegenden Ideen und Prinzipien von Genossenschaften enthält und verlangt, dass die Regierung die Selbstverwaltung und Unabhängigkeit der Genossenschaften anerkennt, und noch mehr, die Unterstützung der genossenschaftlichen Aktivitäten zur Wiederbelebung des sozialökonomischen Gefüges.

Förderung der Entwicklung regionaler Landwirtschaft.

Die japanische Landwirtschaft leidet unter zurückgehenden Ernteerträgen und einer Management Krise wegen des enormen Importes billiger landwirtschaftlicher Produkte durch das Freihandelssystem der WTO. Die alternde Landbevölkerung, ein Mangel an Nachfolgern und die starke Ausdehnung unter-bevölkerter Regionen sind die Regel im ländlichen Japan. Die meisten JA's müßten Maßnahmen gegen die kritische Situation in ihrem Verbreitungsgebiet ergreifen. Von den JA's erwartet man einen Beitrag zu der Entwicklung ihrer Region durch die Förderung diversifizierter Landwirtschaft auf der Basis von Wachstum der örtlichen Produktivität und die Unterstützung der Mitglieder durch erweiterte Verkäufe auf der Basis von „Markennamen ", die Bezug nehmen auf die jeweilige Region. Man stützt sich dabei auf einen Plan zur Förderung der Entwicklung regionaler Landwirtschaft als ein spezielles Anbaugebiet.

Ein Beitrag zur örtlichen Gemeinschaft

In den vergangenen Jahren haben fast alle JA's Altenpflegeprogramme begonnen und Sterbefallversicherungen eingeführt, zusätzlich zu den konventionellen Finanzgeschäften und den Versicherungen auf Gegenseitigkeit. Die Genossenschaften spielen eine große Rolle in der Förderung der Wohlfahrt in den Dörfern. Versicherungen auf Gegenseitigkeit haben einen besonders großen Beitrag beim Wiederaufbau nach Erdbeben in den betroffenen Gegenden geleistet.

Im lokalen Japan sollten die JA's mehr unternehmen, um den Erwartungen der Menschen auf eine Wiederbelebung der ländlichen Wirtschaft zu erfüllen und dadurch den Lebensunterhalt zu sichern.

Die meisten JA's nehmen aktiv teil an „IE NO HIKARI ACTIVITY " , und zwar um das Leben der Mitglieder und der Gemeinde durch weitreichende genossenschaftliche Aktivitäten zu verbessern, wie zum Beispiel Gesundheitsvorsorge, kulturelle Veranstaltungen, Beratungstätigkeiten und spezielle soziale Themen, wie Ernährungsberatung und landwirtschaftliche Beratung, besonders für die jüngere Generation.

Ja Iwate-Chuo

Der folgende Überblick auf JA Iwate-Chou (Zentrale Iwate landwirtschaftliche Genossenschaft) zeigt einen Modellfall einer ländlichen Genossenschaft, die in den letzten Jahren großen Erfolg hatte mit dem Angebot umfassender Dienstleistungen.

In der Tohoku Region von Honshu, der Haupinsel von Japan, JA Iwate-Chuo betreibt ein Geschäft in der Stadt Moroika (Präfektur Iwate), und in zwei weiteren Gemeinden auf der Südseite. Man begann 1999 mit dem Zusammenschluß von drei Genossenschaften, denen sich 2007 noch eine weitere Genossenschaft anschloß. Die Zahl der regulären Mitglieder beträgt 12.047 (2.742 Frauen), assoziierte Mitglieder sind 5.947 (1.478 Frauen). Von bäuerlichen Haushalten sind 8.854 Mitglieder.

Führende Marke „Shokuno-Rikkoku"

Das Kitakamibecken am Oberlauf des Flusses Kitakami hat ein Inlandklima, ist sehr gut flurbereinigt und verfügte über entwässerte Reisfelder. Es ist ein Produktionszentrum für Reis, Weizen und Buchweizen in der Präfektur Iwate. Außerdem ist die Kombination von Reisfeldern mit Gemüseanbau (Gurken, Tomaten usw.), Blumenfeldern, die Haltung von Milchvieh und auch Mastvieh und der Anbau von Pilzen ein Kennzeichnen der Landwirtschaft dieser Region. Die Verkäufe landwirtschaftlicher Produkte dieser Genossenschaft betrugen 92,36 Millionen Euro.

JA Iwate-Chuo fördert die Entwicklung der örtlichen Landwirtschaft durch umfassende Unterstützung und Anleitung zu besserem Management der Mitgliedsbetriebe. Ferner will man die öffentliche Meinung und das Bewußtsein für „JA Iwate-Chuo als ein verlässliches Produktionszentrum" steigern, als auch für den Markennamen „Shokuno-Rikkoku"(Food-Agro Nation) werben. Shokuno-Rikkoku ist eine registrierte Handelsmarke. Das bekannteste Produkt sind Äpfel. Und JA Iwate-Chuo empfiehlt, Agro-Chemikalien im Anbaugebiet nur in sehr geringem Umfang einzusetzen.

Unterstützung für die genossenschaftlichen Aktivitäten der „dörflichen Bauernvereinigung"

Im Geschäftsbereich dieser JA (Genossenschaft) befinden sich 251 Dörfer, und in jedem dieser Dörfer gibt es eine „dörfliche Bauernvereinigung". JA stationiert in jedem Dorf ein oder zwei Mitarbeiter für den besseren Kontakt zu den Mitgliedern, die auch Fördermittel für die „Aktivitäten der dörflichen Bauernvereinigung" gewähren. Der gesamte Betrag dieser Fördermittel beträgt 53.360 Euro/Jahr, das sind 2.270 Euro/Jahr für jedes Dorf.

Der Landwirtschafts-Ausschuss der dörflichen Vereinigung fördert das gemeinsame Bestellen der Äcker und Felder. Ein Ausschuss für „bessere Lebensqualität" fördert Aktivitäten zur Verbesserung der Lebensverhältnisse und Gesundheitsvorsorge der örtlichen Familien.

〔補〕報告 175

Frauen-Aktivitätszentrum

JA Iwate Chuo nimmt aktiven Anteil an den Bemühungen der „IE-NO-HIKARI-ACTIVITY " um die Lebenverhältnisse der einzelnen Mitglieder zu verbessern und auch das ganze Dorf mit weitreichenden genossenschaftlichen Aktivitäten zu unterstützten. Dazu gehören Kurse für bessere Ernährung und landwirtschaftliche Themen, speziell auch für junge Leute.

„Zentrum der Frauen Tätigkeit "

JA Iwate-Chuo sind überaus aktiv mit umfangreichen Tätigkeiten wie Erziehung, insbesondere der Kinder, bezüglich Ernaharung, sowie bezüglich Informationen über die Landwirtschaft.

Das „Zentrum der Frauen Tätigkeit ", die als eine innere Einrichtung der Genossenschaftsverwaltung gegründet wird, veranstaltet die Erziehungs-und Kultukurse für Angestellte.

Die Frauengruppe, "Joseibu" , an der sich mehrere Frauen sich freiwillig beteiligen, veranstaltet eine Schule für Gesundheitspflege und Kulturkursus als ein Teil von den Programmen der Frauenseminare.

Vielfältige Erziehungsprogramme für Kinder wie Erfahrung der landwirtschftlichen Handarbeit und Kochenschule usw. wurden durchgeführt.

Zum Abschluss möchte ich kurz zusammenfassen.

Die zuverlässigen ländlichen Genossenschaften in Japan sind umfassend engagiert, insbesonders haben sie viel Erfolg durch die Vepflichtungen für eine regionale landwirtschaftliche Produktion und für die soziale Tätigkeit bezüglich Lebensunterhalt der Bewohner.

Ergänzung

1. Trotz dern Reaktrokatastrophe von Fukushima hat die japanische Regierung noch nicht entschieden, zügig aus der Kernenergienutzung auszusteigen.

2. Inkraftsetzung von Feed-in Tarifs (Einspeisetarif od. Einspeisevergutung) im neubearbeiteten Erneuerbere- Energien-Gesetz (Juli 2012)

Renewable Tariffs in Japan [1]

	Years	JPY/kWh[2]	€/kWh
Wind	20		
<20kW		57.75	0.559
>20kW		23.10	0.223
Geothermal	15		
<15MW		42.00	0.406
>15MW		27.30	0.264
Hydro	20		
<200kW		35.70	0.345
>200kW<1MW		30.45	0.295
>1MW<30MW		25.20	0.244
Photovoltaics			
<10kW for surplus generation	10	42.00	0.406
>10kW	20	42.00	0.406
Biogas from sewage sludge and animals	20	40.95	0.396
Biomass(solid fuel incineration)			
Sewage sludge & municipal waste	20	17.85	0.173
Forest thinnings	20	33.60	0.325
Whole timber	20	25.20	0.244
Construction waste	20	13.65	0.132

1) Approved 18 June 2012, Effective 1 July 2012
2) €1= ￥103,374

System des Kreditgeschäfts von JA Gruppe

Die Hauptmittel des Kreditgeschäftes der Vielzweckgenossenschaft basieren auf den Ersparnissen der Mitglieder in der Unternehmungsgebiet. Die Genosennschaft stellt Geld für die verschiedenen Finanzdienste von den Mitgliedern, einschließlich Investitionsmittel für ur Agrarproduktion und andere Bedarfe zur Verfügung.

Auf Präekturniveau erfüllt die Präfekturkreditföderation die Funktion zur Koordinierung der Finanzgeschäfte unter den Genossenschaften in der Präfektur, Aufnehmen des Depots von den Genossenschaften, Verleihen an den Genossenschaften und andere und Wertpapieranlage usw.

Auf Nationalniveau wurde die Zentralgenossenschaftsbank für Landwirtschft, Forstwirtschaft und Fischerei bei den Genossenschaften dieser Primärgewärbe unter dem Norinchukin -Bank-Gesetz eingerichtet.

Nämlich sind die Kreditgeschäfte der JA Gruppe durch die dreistöckige organisierte Struktur bearbeitet, die aus Genossenschaften, Präfekturkreditföderation und Norinchukin Bank zusammengesetzt wird.

〔補〕報告 177

System des Kreditgeschäfts von JA Gruppe

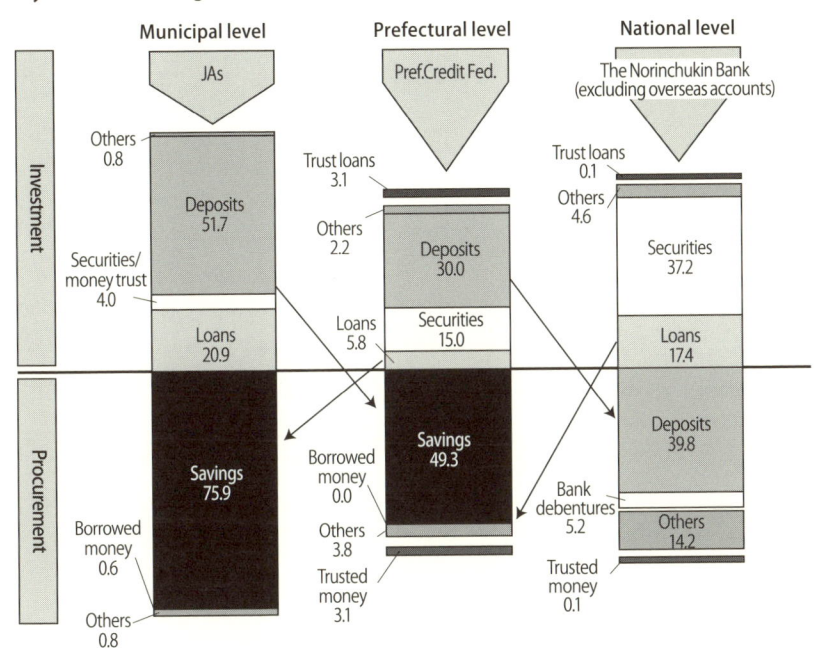

	Municipal level	Prefectural level	National level
	JAs	Pref.Credit Fed.	The Norinchukin Bank (excluding overseas accounts)

Investment

- Others 0.8
- Deposits 51.7
- Securities/money trust 4.0
- Loans 20.9
- Trust loans 3.1
- Others 2.2
- Deposits 30.0
- Securities 15.0
- Loans 5.8
- Trust loans 0.1
- Others 4.6
- Securities 37.2
- Loans 17.4

Procurement

- Savings 75.9
- Borrowed money 0.6
- Others 0.8
- Borrowed money 0.0
- Savings 49.3
- Others 3.8
- Trusted money 3.1
- Deposits 39.8
- Bank debentures 5.2
- Others 14.2
- Trusted money 0.1

Nach The Norinchukin Bank

あとがき

　本書執筆のきっかけになったのは，2010年2月にドイツ南部バイエルン州にマシーネンリンクの調査に出かけた際に，マシーネンリンクが農業機械利用仲介事業にとどまらず，会員農家の出資を得て木質バイオマス（木材チップ）で得られる温水を利用した地域暖房システムづくりの会社を立ち上げるとともに，畜産経営の家畜糞尿メタンガス発酵によるバイオガス発電事業のコンサルタント機能を果たしていることを見つけたことであった。1958年にバイエルン州で始まったマシーネンリンクに対するわが国での関心は，今世紀に入ってほとんど失われてきた。しかし，それへの再注目が必要ではないかと考え現地調査を思い立ったのは，梶井功編著『「農」を論ず・日本農業の再生を求めて』（農林統計協会，2011年8月刊）に「EUの農村と農業―南ドイツを事例に―」を執筆する機会を与えられたことによる。同書は当初は，故宇沢弘文氏の求めによる社会的共通資本論シリーズの1冊をめざしたものであったからである。しかし，同書は社会的共通資本論の枠組みに収まらず，同シリーズとは別個に独立した日本農業再生論となったものである。

　そして私にドイツ農村研究の再開を迫ったのは，2011年3月11日の東京電力福島第1原発事故後，わずか4ヶ月でドイツが明確に脱原発に転換したことにあった。もともと原子力擁護派であったメルケル首相（2000年に保守党キリスト教民主同盟CDUの党首）は2005年の大連立政権の首相の座につき，2010年の長期エネルギー戦略で17基の原子炉の稼働年数を平均12年間延長させていた。ところが，福島原発事故に深刻な打撃を受けた同首相は，事故4日後には，3カ月間の「原子力モラトリアム」を発令し，31年間以上稼働している老朽原子炉7基を直ちに停止させ，福島事故2週間後のバーデン・ヴュルテンベルク州議会選挙での与党CDUの大敗のなかで，既存の「原子炉安全委員会」（RSK）に加えて，新たに「安全なエネルギー供給に関する倫理委員会」を立ち上げた。

RSKに対しては，連邦環境省が17基の原子炉についてのストレステスト（耐性検査）の実施を求め，5月14日には，政府にRSK鑑定書「日本の福島第1原発事故を考慮したドイツの原発の安全検査に関する見解」が提出された。そこでは，①停電と洪水に対しては，福島第1原発よりも高い安全措置が講じられており，②耐久性にも問題はないが，③航空機の墜落に対しては脆弱であって，大型の旅客機の墜落に対して最低限の耐久性をもつ原発はひとつもないとされた。そして，メルケル首相が脱原発を決意するにいたったのは，この原子力の専門家によるこのRSK鑑定書を判断基準にするのではなく，電力業界や原子力産業の代表を入れず，社会学者・哲学者，宗教者などエネルギー問題とは無縁の知識人で，原子力には批判的であった人々を主たるメンバーに選んだ「安全なエネルギー供給に関する倫理委員会」が提出した提言「ドイツのエネルギー革命・未来のための共同作業」であった。この提言は，原子力は過去のエネルギーであって使用をやめるのが最良の道であるとし，停止中の原発を再稼働させず廃炉にするとともに残りの原発についても10年以内に全廃すべきとした。さらに，モニタリング制度を創設して原発停止にともなう他のエネルギー源による代替のチェックを行うことや，電力価格や供給への影響を監視することをも求めた。これを受けてメルケル首相は，ドイツ連邦議会に2022年末までに5段階で原発を完全に廃止することを盛りこんだ原子力法改正案を提出した。そして連邦議会は6月30日に620人の議員のうち513人，83％の賛成で可決し，連邦参議院も7月8日に通過させた。こうして，ドイツは福島事故後に停止させた7基と07年から停止していた1基を再稼働させず，残りの9基も2022年末までに停止させることになったのである。

　そこで私は，急きょ「南ドイツ農業調査チーム」を組織して，再生可能エネルギー開発について，2011年11月末から12月初めにミュンヘン工科大学農業経営経済学講座のA・ハイセンフーバー教授の支援を得て，バイエルン州南部の農村地域で現地調査を行った。調査結果は，「ドイツにみる再生可能エネルギーと農業・農村」（執筆は村田武・酒井富夫・板橋衛）として，村

田武・渡邉信夫編『脱原発・再生可能エネルギーとふるさと再生』(筑波書房，2012年8月刊)に収められた。

　ドイツにおける近年の再生可能エネルギーの普及については，和田武氏に代表される精力的な調査研究があり，主として太陽光発電や風力発電についての取組みが紹介されてきた。そして近年のドイツにおける再生可能エネルギー普及の取組みが，とくに農村地域の新たな発展と活性化につながっていることに注目してきたのが，一橋大学が農林中央金庫から寄附をうけた「自然資源経済論プロジェクト」(代表・寺西俊一教授)であって，その研究成果は，寺西俊一・石田信隆・山下秀俊編著『ドイツに学ぶ地域からのエネルギー転換・再生可能エネルギーと地域の自立』(家の光協会，2013年5月刊)として発表されている。この寺西教授グループとも連携しながら，数次の現地調査結果をまとめたのが拙著『ドイツ農業と「エネルギー転換」・バイオガス発電と家族農業経営』(筑波書房ブックレット，2013年10月刊)であった。

　この間，農林中金総合研究所の小田志保研究員から，ベルリン・フンボルト大学の協同組合研究所が国連の提唱する「2012国際協同組合年」を記念して国際学会 "Cooperative Responses to Global Challenges" を同2012年3月21〜23日に開催するとのお知らせがあった。彼女はフンボルト大学に留学し協同組合研究所長のM・ハーニッシュ教授の指導を受けた経験があり，いち早く国際学会開催の情報を入手していたのである。この国際学会がリーマンショック後の各国の地域経済危機のもとでの協同組合の役割を議論しようという趣旨を掲げているのに魅力を感じた私は，学会参加を決意し，同22日に「グローバリゼーション危機と日本の農業協同組合」("Crisis of globalization and rural multipurpose co-operatives in Japan")と題する報告を同22日に行った。1980年のICA第27回大会(モスクワ)におけるレイドロー報告「西暦2000年における協同組合」が，農村地域の発展に大きく貢献している協同組合として，その事例のトップにわが国の総合農協を上げたが，そのわが国の総合農協が現在のグローバリゼーション危機のもとで，さらに東日本大震災と福島原発事故後の復興をめぐる新自由主義的構造改革攻撃に

対抗して，農村地域社会の再生をめざして大いに奮闘していることを知らせかったからである。報告では岩手中央農協（藤尾東泉代表理事組合長）をその具体的事例とした。同農協については，家の光協会の第61回（平成22年）「家の光文化賞」の審査委員として現地調査の機会が与えられ，北上盆地で「食農立国」を掲げた意欲的な活動で成果を上げていることを知っていたからである。ちなみに私は，平成19年度の第58回審査委員会（委員長は藤谷築次京都大学名誉教授，現委員長は太田原高昭北海道大学名誉教授）から審査委員のひとりとして，教育文化活動を初めとして優れた事業を展開している総合農協を訪ねる機会を与えられている。

　本書末尾に〔補〕として英文報告だけでなくドイツ語報告を取り込んだのは以下のような事情による。

　フンボルト大学での発表はパワーポイントを使った英語によるものであったが，その後の現地調査（そのすべては7・8人から20名を超えるチームを案内するスタディツアーを編成した）で，2012年12月5日にはバイエルン州農業者同盟レーン・グラプフェルト郡支部主催の講演会，翌6日にはF・W・ライファイゼンの故郷ハム／ジークの町文化ホールでのライファイゼン協会（Deutsche Friedrich-Wilhelm-Raiffeisen-Gesellschaft e.V.）主催講演会でドイツ語で講演する機会を与えられた。ドイツ語訳（"Die Krise der Globalisierung und die ländlichen Vielzweckgenossenschaften in Japan"）の誤りを訂正してくれたのは，ライファイゼン協会のボランティア活動家W・エービッシュ氏である。エービッシュ氏と知己を得，ヴェスターバルトの「ライファイゼン・シュトラーセ」をスタディツアーのコースに組み込むようになったのは，上のフンボルト大学での国際学会にエービッシュ氏がライファイゼン協会の宣伝に来られていたことによる。

　さて，上記ブックレット『ドイツ農業と「エネルギー転換」・バイオガス発電と家族農業経営』の執筆過程で思い至ったのが，再生可能エネルギーへの転換をバイオガス発電分野で担う家族農業経営の存在構造を明らかにすることこそが，農業経済学を専攻する私の責任であろうということであった。

あとがき　183

たまたま「2014国際家族農業年」の理論的バックボーンを提供した国連食糧農業機関（FAO）の世界食料保障委員会専門家ハイレベル・パネルの報告書の翻訳グループを組織する機会を与えられたことも背景にあった。同書は，国連食糧農業機関（FAO）の世界食料保障委員会専門家ハイレベル・パネル著（家族農業研究会・㈱農林中金総合研究所共訳）『家族農業が世界の未来を拓く・食料保障のための小規模農業への投資』（農文協，2014年2月刊）として出版された。同報告書は，中農層の両極分解という農業構造変化の「古典的」モデルは農業発展の普遍的経路ではなく，それとは異なった多様かつ対照的な経路が存在するとしたうえで，とくに西欧やカナダでは最近20年にわたって「第4の経路」が台頭したとして先進国における農業経営の存在構造について一石を投じたのである。この指摘にも刺激を受けて，2014年，15年に連続して南ドイツの家族農業経営の実態調査に出かけることになった。

ところで，私は愛媛大学農学部を2008年3月に定年退職したものの，愛媛大学が農学部を中心に推進していた愛媛県南予地域活性化のための地域貢献事業を継続すべく，愛媛大学特命教授・宇和島サテライト長に任命され，5年間にわたってその任にあった。その後2013年以降も松山市永住を決め，「愛媛農協懇話会」を継続して主宰し（最近の同懇話会の成果が村田武編『愛媛発・農林漁業と地域の再生』，筑波書房，2014年8月刊），「国民の食料と健康を守る愛媛連絡会（愛媛食健連）」の会長を続けている。

愛媛県は佐田岬の付け根に瀬戸内海伊予灘に面して四国電力伊方原子力発電所が立地する。中央構造線活断層帯からわずか5kmという至近距離にあって巨大地震の脅威にさらされている伊方原発は，ひとたび事故を起こせば閉鎖性海域瀬戸内海を死の海に変え，想像を絶する被害を広範囲におよぼす。ところが，原発輸出・再稼動に狂奔する安倍政権のもとで，伊方原発3号機（加圧水型軽水炉，89万kW）の再稼動が強行されようとしている。伊方原発の再稼動を許さず廃炉を求める県民運動に参加する私には，農業経済学者として原発に依存しない愛媛県の地域再生とそれを支える農林漁業の活性化の道を提示する責任がある。その思いを込めたのが，『日本農業の再生と危機・

地域再生の希望は食とエネルギーの産直に』（かもがわ出版ブックレット「さよなら安倍政権・批判plusオルタナティブ」シリーズ，2015年8月刊）である。

　この間に思うところがあって，私は北海道大学大学院農学院博士後期課程の社会人入試〔10月入学〕に2012年9月に合格し，3年間の博士後期課程の大学院生としての研究生活を楽しんできた。本2016年3月末に修了する。北海道大学大学院農学院の農業経済学分野は共生基盤学専攻共生農業資源経済学講座であって，私を社会人院生として受け入れてくれたのは生物資源生産学部門・食料農業市場学研究室の坂爪浩史教授である。3，4か月に一度の頻度で，松山から東京（羽田）経由で札幌に飛んで，金曜日の大学院シンポジウムで報告し，学位論文の執筆を行ってきた。

　本書はその北海道大学大学院農学院に提出した博士（農学）の学位請求論文がもとになっている。北大大学院農学院の先生方には，同じ農業経済学分野では先輩の研究者が70歳代になって社会人入学を求めて押しかけたことを申し訳なく思っている。本書に結実した研究の場を与えていただいたことに心から感謝申し上げたい。

　私としては，本書もまた「足で書いた」と思っている。最初の就職先が大阪外国語大学ドイツ語学科であり11年間在籍したこともあって，拙くはあるものの何とか通訳なしにドイツの農村調査ができたこと，そして北九州人に共通するとされるフットワークの軽さを維持できたことを喜びたい。

　なお，挿入した写真は出所を示したものを除いて，いずれも私が撮影したものである。

　私のわがままを終始許してくれた妻・順に本書を捧げる。

事項索引

GATT（ガット）…… 1, 22, 25, 141, 142
KULAP（バイエルン州農村環境支払い）…… 48, 59, 71, 83, 98, 128, 134
MEKA（バーデン・ヴュルテンベルク州粗放化・農業環境景観保全給付金）…… 48, 65, 68, 69, 72, 98
OECD（経済協力開発機構）…… 27
WTO（世界貿易機関）…… 1, 13, 21, 22, 25, 26, 27, 34, 35, 36, 37, 38, 50, 142
WTO農業協定…… 10, 27, 32, 34

あ行

青の政策…… 10, 32, 34
アグロクラフト・グロスバールドルフ有限会社…… 92, 128
アグロクラフト社…… 91, 92, 135, 140
アグロチーム（Agroteam）…… 132
アジェンダ2000（AGENDA2000）…… 37, 38, 49, 53
アルプ計画…… 65
一次産品共通基金…… 26
一次産品総合プログラム…… 26
E・ON社…… 107, 108, 109, 119
エコヴィン（Ecovin）…… 99
エコラント（Ecoland）…… 99, 103, 104

エネルギー協同組合…… 1, 112, 141
エネルギー作物…… 1, 18, 23, 112, 113, 137, 138, 141, 145
欧州地域開発基金（ERDF）…… 51

か行

ガット・ウルグアイ・ラウンド（UR）…… 11, 25, 27, 28, 30, 32, 34, 56
環境オプション…… 42, 45
環境保全地（Ökoflächen）…… 132
間作物（Zwischenfrüchte）…… 129, 133
機械共同利用組合（Maschinengemeinschaft）…… 66, 79, 88, 89
機械・経営支援リンク…… 79
CAP改革（共通農業政策改革）（ヘルスチェック）…… 1, 22, 30, 31, 32, 34, 37, 38, 39, 45, 48, 50, 51, 56, 57, 58, 60, 61, 142
休耕…… 31, 32, 34, 38, 45, 93
共通農業財政（FEOGA）…… 30
共通農業政策（CAP）…… 25, 29, 63
協同バイオガス発電…… 60, 92, 130, 132, 136
グリーニング…… 38, 49, 50, 61
グリーン・ツーリズム…… 83
グリーンペーパー…… 51

クレッフェル農場 …… 130, 131, 132, 133, 134, 135
クロス・コンプライアンス …… 39, 42, 45, 47, 48, 49, 51, 60
グントレミンゲン原発 …… 107, 108
経営多角化 …… 2, 3, 22, 142, 144, 145
経済協力開発機構→OECD
ゲア／エコヘーフェ（Gäa/Ökohöfe） …… 99
原産地呼称・地理的表示認証制度 …… 2, 23, 100, 101, 105, 143
原料供給者（Substratlieferant） …… 115, 127
構造調整 …… 26, 32, 52, 61
国営農場（VEG）…… 16
2014 国際家族農業年 …… 9, 21, 23, 141
2012 国際協同組合年 …… 9
国際コーヒー協定 …… 26, 33
国連食糧農業機関（FAO）…… 9, 25
国際的農業危機 …… 1, 10, 11, 16, 141
国連貿易開発会議（UNCTAD）…… 26
小作法（1952年）…… 63, 72
固定価格買取制度 …… 112
混合モデル …… 41, 42, 43
コンミューン協力有限会社 …… 83, 89

さ行

再生可能エネルギー法 …… 110
作業請負会社（Lohnunternehmen） …… 66, 79, 144
自給経済的家族経営 …… 17

資本型家族経営 …… 1, 2, 3, 17, 21, 22, 23, 94, 142, 145
社会主義的農業集団化 …… 78
シュヴァルツバルト計画 …… 65, 67, 68
シュベービシュ・ハル農業改良普及所 …… 103, 105
シュベービシュ・ハル農民生産者協同体（BESH）…… 100, 103, 104, 105
シュレーダー政権 …… 108, 110
小規模農業（smallholders）…… 9, 10, 22
条件不利地域対策（平衡給付金）…… 2, 22, 50, 53, 55, 68, 71, 83, 85, 117, 134, 143
消費者負担 …… 28
消費者利益 …… 28, 29
所得補償直接支払い …… 1, 31, 32, 117, 142
スラリースプレッダー …… 92
生乳生産割当制（生乳クオータ） …… 30, 43, 60, 62
静態混合システム …… 41
世界食糧サミット …… 25
世界食料保障委員会 …… 9, 10
世界貿易機関→WTO

た行

多就業（pluriactivity）…… 11
単一支払い …… 37, 39, 40, 44, 45, 46, 48, 49, 85

事項索引　187

地域（均一額）方式 …… 41, 43, 44
直接所得補償制度 …… 4, 145
デカップル、デカップリング …… 26, 27, 28, 32, 37, 38, 39, 40, 41, 42, 43, 44, 46, 47, 49, 50, 58, 60, 61, 133, 135
デメーター（Demeter） …… 99, 105
電力供給法 …… 111
ドイツ・バイオガス協会 …… 114, 138
ドイツ農業者同盟（DBV） …… 46, 56, 57, 61, 62
ドイツ農業法（1955年） …… 78
ドイツ有機農業協会 …… 98
ドイツ酪農家全国同盟（BDM） …… 56
動態混合システム …… 41, 43, 44, 47
トウモロコシだらけ（Vermaisung） …… 137, 139
土地整備法（1953年） …… 63, 72, 92
土地なし農民 …… 9

な行

ナトゥアラント（Naturland） …… 99
農業景観（Kulturlandschaft） …… 47, 71, 74
農業生産協同組合（LPG） …… 16, 56, 78
農業連合（AgrarBündnis） …… 47
納税者負担 …… 28, 29
農村環境政策 …… 2, 65, 83, 142
農民協同体（Bauerngemeinschaft） …… 21

は行

バイエルンの道 …… 2, 16, 22, 65, 70, 71, 72, 78, 142
バイエルン州農業振興法 …… 71
バイオ・ダイナミクス農法全国連盟 …… 105
バイオエネルギー村 …… 111, 112
バイオガス施設 …… 93, 113, 115, 116, 128, 133, 136, 139
──戸別バイオガス施設（Hofbiogasanlage） …… 115, 116, 124
──協同バイオガス施設（Gemeinschaftsbiogasuanlage） …… 115, 127, 129
ビオクライス（Biokreis） …… 99
ビオパルク（Biopark） …… 99
ビオラント（Bioland） …… 99
不足払い方式 …… 30
フランス農業法 …… 78
ブルーメンシュトック農場 …… 124
ヘルパー …… 79, 83, 88, 91
　家政ヘルパー …… 71, 79, 88, 91
　経営ヘルパー …… 84, 86, 88, 91
　農作業ヘルパー …… 86, 88

ま行

マシーネンリンク …… 2, 3, 18, 19, 20, 22, 66, 70, 71, 72, 77, 78, 80, 81, 82, 89, 90, 94, 117, 142, 143, 144
まだら牛 …… 58, 117, 124

マンスホルト・プラン …… 1, 14, 63, 64, 70, 73, 142
メタン原料 …… 1, 3, 23, 92, 124, 137, 138, 141, 143, 144, 145, 146
メルケル政権 …… 1, 107, 136, 141
モーザー農場 …… 120, 122
モーレンケップレ種 …… 100, 101, 102, 124
モデュレーション（逓減）…… 39, 45, 58

や行
有機農業運動 …… 22, 47, 97, 98, 99
ユーンデ村 …… 111, 112

ら行
F・W・ライファイゼン・エネルギー・グロスバールドルフ協同組合 …… 128
ライファイゼン協同組合 …… 81
リーダー（LEADER）…… 53
レーダー農場 …… 122, 123
レールモーザー家 …… 117, 118, 120
労働型家族経営 …… 17, 21, 49

著者略歴

村田　武（むらた　たけし）
　　1942年福岡県生まれ。博士（経済学）・博士（農学）
　　金沢大学・九州大学名誉教授
　　愛媛大学アカデミックアドバイザー
　　㈱愛媛地域総合研究所代表取締役
　　愛媛県自然エネルギー利用推進協議会会長
　　NPO法人自然エネルギー愛媛理事長

　　近著に以下がある。
　　『戦後ドイツとEUの農業政策』筑波書房，2006年
　　『食料主権のグランドデザイン』（編著）農文協，2011年
　　『脱原発・再生可能エネルギーとふるさと再生』（共編著）筑波
　　　書房，2012年
　　『ドイツ農業と「エネルギー転換」バイオガス発電と家族農業
　　　経営』筑波書房ブックレット，2013年
　　『家族農業が世界の未来を拓く』（共訳）農文協，2014年
　　『日本農業の危機と再生　地域再生の希望は食とエネルギーの
　　　産直に』かもがわ出版ブックレット，2015年

現代ドイツの家族農業経営

2016年3月25日　第1版第1刷発行

　　　　　著　者　村田　武
　　　　　発行者　鶴見　治彦
　　　　　発行所　筑波書房
　　　　　　　　　東京都新宿区神楽坂2−19 銀鈴会館
　　　　　　　　　〒162−0825
　　　　　　　　　電話03（3267）8599
　　　　　　　　　郵便振替00150−3−39715
　　　　　　　　　http://www.tsukuba-shobo.co.jp

定価はカバーに表示してあります

印刷／製本　平河工業社
©Takeshi Murata 2016 Printed in Japan
ISBN978-4-8119-0484-9 C3033